食品安全行政监管与技术监督丛书

SHIPIN ANQUAN XINGZHENG JIANGUAN YU JISHU JIANDU CONGSHU

食用农产品安全监督管理与实务

食品安全行政监管与技术监督丛书编委会　组织编写

毛振宾　主编

SHIYONG NONGCHANPIN ANQUAN JIANDU GUANLI YU SHIWU

中国劳动社会保障出版社

图书在版编目(CIP)数据

食用农产品安全监督管理与实务/毛振宾主编. —北京：中国劳动社会保障出版社，2010

食品安全行政监管与技术监督丛书

ISBN 978-7-5045-8263-8

Ⅰ.食… Ⅱ.毛… Ⅲ.农产品-安全生产-监督管理 Ⅳ.S37

中国版本图书馆 CIP 数据核字(2010)第 059473 号

中国劳动社会保障出版社出版发行

（北京市惠新东街 1 号 邮政编码：100029）

出版人：张梦欣

*

世界知识印刷厂印刷装订 新华书店经销

787 毫米×1092 毫米 16 开本 12 印张 210 千字

2010 年 4 月第 1 版 2010 年 4 月第 1 次印刷

定价：33.00 元

读者服务部电话：010-64929211

发行部电话：010-64927085

出版社网址：http：//www.class.com.cn

食品安全行政监管与技术监督丛书

编委会

本书编写人员

主　编　毛振宾

副主编　康玉凡　张世庆　濮绍京

编　者　王　凯　毛圣慧　易婧婧　鲁景艳　张　丽

内容简介

食用农产品是整个食品链的最前端，食用农产品安全是食品安全的基础和保障。在食用农产品生产中，农药、兽药、化肥、饲料、饲料添加剂、激素和抗生素等农业化学投入品的使用是保证农业丰收和产品品质的重要手段，然而，如果违法违规操作，不科学地使用农药等农业化学投入品，就会严重污染食品，在威胁人类健康的同时还会造成严重的环境污染。因此从源头上保证食用农产品的安全直接关系到公众的身体健康和生命安全，也关系到农业的可持续发展及社会的和谐稳定。

本书围绕食用农产品安全，阐述了生态环境、农业投入品、农产品生产、初加工与包装、贮存与运输等对食用农产品安全的影响，针对我国食用农产品安全和监管现状特别是存在的问题和矛盾，进行初步分析和评价，提出了解决思路和对策。本书内容涉及概论、食用农产品生态环境、食用农产品投入品、食用农产品的生产、食用农产品的初加工与包装、食用农产品的贮存与运输和食用农产品的市场准入与消费安全等，基本涵盖了食用农产品从农田到餐桌安全管理的全过程。

本书由从事食用农产品安全监管工作的专家学者编写，适用于各级食品安全生产及监管人员的业务培训和技术培训，也可供从事食品安全相关工作的人员参考。

前言

食品安全问题关系民生福祉、经济发展和社会和谐，已成为当今国际社会普遍关注的重大社会问题。随着我国人民生活从温饱型向小康型、享受型的转变，全社会对健康问题的关注程度越来越高，对食品安全问题的关注程度也越来越高。

改革开放以来，我国食品产业快速发展，2009 年食品工业总产值达到 4.9 万亿元，已成为我国国民经济中增长最快、最具活力的支柱产业之一。然而，我国的食品产业总体发展不平衡，食品生产经营业态多，规模化、产业化程度不高，呈现多、小、散、低状态。有些食品生产经营单位安全意识、责任意识、诚信意识比较淡薄，内部管理制度不健全，对从业人员的健康管理、进货查验记录、食品出厂检验记录、库存食品定期检查、问题食品召回等操作规范执行不到位，个别企业还存在滥用添加剂、违法使用非食用物质等行为，给食品安全带来了隐患，食品安全事故时有发生。近年来爆发的“阜阳劣质奶粉”“苏丹红非法添加物”“三鹿婴幼儿奶粉”等食品安全事件，凸显了食品行业存在的诸多问题以及政府部门的监管漏洞，使食品安全成为社会各界关注的焦点问题。人们迫切呼唤国家和地方各级政府要建立现代食品安全控制与保障体系，编织一张有效的食品安全网。

食品安全问题不是一个简单独立的问题，而是围绕食品产业链发生的一系列复杂问题的集中反映。食品安全涉及种植、养殖、加工、包装、贮藏、运输、销售、消费等各个环节，既包括生产安全，也包括经营安全；既包括结果安全，也包括过程安全；既包括现实安全，也包括未来安全。因此，食品安全监管工作是一项长期、复杂的系统工程，根本的方法在于建立可持续发展的社会发展模式，这需要全社会的关注和参与。近年来，我国政府出台了《食品安全法》及一系列相关法律法规，在逐步建立健全法制管理体系的同时，通过加快促进食品行业发展，加大食品安全专项整治力度，不断完善食品安全法律体系、监管体系和标准体系，使我国食品安全管理水平不断提高。2010 年 2 月 6 日，国务院成立了食品安全委员会，作为国务院食品安全工作最高层次的议事协调机构，这表明了党和国家高度重视食品安全问题，切实维护人民群众的切身利益，对人民健康安全的高度负责。

为了配合《食品安全法》及相关条例的贯彻落实，我们组织长期从事食品安全监管工作的有关专家和学者，在司法部法治建设与法学理论科研项目“食品安全监管法律问题研究”的基础上，编写了这套食品安全行政监管与技术监督丛书，旨在研究我国食品安全问题的有效解决方案，规范食品从田间到餐桌的各个生产环节的管理工作，为各省、市、地区从事食品行业监管的行政管理人员，从事食品生产、食品流通、餐饮服务以及农产品生产的企业的决策者和负责质量检验、监督的一线管理人员，各类院校有关食品类、农业类专业的学生提供理论和实务的指导。在编写过程中，我们力求体现以下特点：

1. 本套丛书深入探讨食品安全法制体系建设的方法和执行策略，为各级行政管理和技术监督部门开展相关问题的研究提供参考。

2. 本套丛书根据食品生产所涉及的环节进行设计，包括《食品安全综合协调与实务》《食用农产品安全监督管理与实务》《食品生产安全监督管理与实务》《食品流通安全监督管理与实务》《餐饮服务安全监督管理与实务》，从农产品的生产源头开始，涉及种植养殖、生产加工、贮存、运输、流通消费等生产经营全过程。从行业需求出发，注重突出食品安全各环节监管的一般程序、方法、评估和事故预警、处理等实务性的操作流程，突出实用性和可操作性，为食品的生产者和管理者提供工作指南。

3. 本套丛书是以司法部法治建设与法学理论科研项目“食品安全监管法律问题研究”为基础，集聚了有关法律、政策研究专家和食品行业领域从事监管工作的管理专家的集体智慧编写，具有较高的权威性和指导性。

《食品安全法》及其实施条例施行时间不长，相关体制正在转轨中，有些制度仍在探索中，丛书内容恐有不足，恳请读者批评指正，以便及时修订和完善。

“食品安全行政监管与技术监督丛书”编委会

2010 年 3 月

编者的话

食用农产品是食品的重要组成部分，也是其他食品的主要原材料，其质量安全决定了食品安全的水平，所以说食用农产品安全监管是食品安全监管工作的前提和基础。

我国是一个食用农产品生产大国，产品类型丰富，多达数千种，涵盖了畜禽、水产、谷物、蔬菜、水果等不同品种。由于受生态环境、投入品、种养方式、文化背景和消费观念等因素的影响，不同地区的食用农产品质量差距较大。在生产过程中，由于农药、兽药、催熟剂、防腐添加剂等化学品的滥用，产品容易受到污染，有问题的食用农产品一旦进入公众食物链，就会成为危害人体健康的“毒源”。据不完全统计，近年来由此引发的显性食源性中毒事件已超过 4 万件，此外，还影响出口创汇，使国家蒙受经济和信誉的巨大损失。食用农产品质量安全已逐渐由单纯的农业问题演变为人身健康、经济、社会发展问题，因此，我们应对食用农产品安全问题引起高度重视。

从食品安全监管的一般意义上看，我国食用农产品安全监管工作存在以下问题：一是质量安全的法规体系、质量标准体系、科技教育规范体系、监督管理机制等不完善；二是相关部门执法经验少和处罚力度不足；三是监管部门和生产经营企业责任落实不到位；四是监管对象类型多和监管范围广。这些都说明食用农产品安全监管是一个长期的、艰巨的、需要逐步完善的工作。因而，加强对相关监管人员的教育和培训，尽快提升他们的科技素质、法规素质和责任意识，进而提高监管能力和效率，为食用农产品安全监管工作提供组织或人员队伍保证，对解决食用农产品安全问题具有十分重要的意义。

本书以《中华人民共和国食品安全法》和《中华人民共和国农产品质量安全

法》及相关法律法规为依据，结合国家相关部门、各地方相关部门以及编者在食用农产品安全监管工作中的实践和经验编写，并邀请了中国农业大学和北京农学院专家学者共同参与，具有理论上的系统性、科学性、规范性和实践中的实用性、现实指导性，体现了理论与实际相结合的特点；剖析热点问题，以最新政策制度为依托，结合当前食用农产品形势，运用最新理论研究成果，全面深入地研究了食用农产品安全问题的突出环节，体现了创新性和先进性的特点，对该行业行政主管和相关监管部门的工作具有较好的指导和借鉴作用，也可作为食用农产品安全监管人员培训的教材使用。

本书共分七章，第一章对食用农产品及其安全监管的定义、内涵、定位及监管现状和问题进行了概述；第二、第三、第四、第五、第六章分别对食用农产品生态环境、投入品、生产、初加工和包装、贮存与运输、市场准入与消费等环节的现状和存在的问题进行了分析评价，提出了发展趋势和对策思路。

在编写过程中，中国劳动社会保障出版社有关编辑人员提供了许多修改意见，中国农业大学数位研究生承担了部分具体工作，在此均表示感谢！

本书于2009年8月开始筹备，期间经过多次讨论、调整和修改。但由于时间仓促、水平有限，书中难免存在疏漏，不足之处请予批评指正。

目　录

Contents

第一章　概述

食用农产品指供食用的源于农业的初级产品，食用农产品安全品质受投入品系统（产前）、生产及初加工系统（产中）、包装、储运系统（产后）的影响，也受自然资源、市场等要素的影响。从食品安全监管角度分析，影响食用农产品安全的主要环节有生态环境、投入品、生产过程、初加工与包装、贮存与运输、市场准入与消费等。

要实现食用农产品安全监管的全面和到位，需要法律法规体系、科技支撑体系、风险管理体系、社会信用和监督体系等多重体系的总体完善、配合和支撑。

第一节　食用农产品与食品安全

一、食用农产品的概念

《中华人民共和国食品安全法》（以下简称《食品安全法》）中将食用农产品定义为“供食用的源于农业的初级产品”。基于上述定义，食用农产品应理解为由种植或养殖等生产行为而形成的、未经加工或者经初级加工的、可供人类食用的农产品。粮食、蔬菜、瓜果、牛奶、畜禽、水产品、酱菜、干香菇、豆芽、切面等都是食用农产品。“初级加工”的界定，应依据是否改变食用农产品的基本理化性质来确定，即食用农产品通过简单加工，没有改变其基本理化性质，仍应认定为食用农产品。初级加工食用农产品主要是指必须经过某些加工环节才能够食用、贮存或使用的食用农产品。

二、食用农产品类型

食用农产品种类繁多，从农业生产行业和来源途径上划分，主要包括种植业、畜牧业和水产业产品三种类型，这三大类食用农产品又可细分为若干分类型。

1. 种植业类

种植业食用农产品指人工种植和天然生长的各种植物可食用的初级产品，分粮食和园艺植物两大类。粮食包括原粮、经脱壳或碾磨的产品和经初加工的产品，园艺植物包括蔬菜、初制茶和毛茶、油料植物、芳香油料植物、药用植物、糖料植物、可食用观赏植物和草、藻类植物以及其他各种可食用的人工种植和野生的植物及其初加工产品。

以粮食为原料加工的速冻食品、方便面、副食品和各种熟食品，各种蔬菜罐头和水果罐头，各种果脯、蜜饯、炒制的果仁、坚果，精炼植物油，中成药不属于食用农产品。

2. 畜牧业类

畜牧业食用农产品指人工饲养、繁殖取得和捕获的各种陆生动物和卵及其初加工品。包括肉类产品、蛋类产品、奶制品、蜂类产品及昆虫类等及其他可食用组织。

用鲜奶加工的各种奶制品，如酸奶、奶酪、奶油等，以及各种蜂产品口服液、王浆粉不属于食用农产品。

3. 水产业类

水产业食用农产品指人工放养、人工捕捞的水产动物和水生植物产品及初加工品。包括鱼、虾、蟹、贝类、软体类、海兽等水产动物，渔业用苗（秧）；水产动物去头、去鳞、冷冻、盐渍、干制等初加工品，海带、紫菜、龙须菜、莼菜等水生植物产品及初加工品，鱼粉、鱼油、海藻胶、虾酱、鱼肝酱等初加工品。

熟制的水产品和各类水产品的罐头，罐装产品，以鱼油、海兽油脂为原料生产的各类乳剂、胶丸、滴剂等制品不属于食用农产品。

三、食用农产品与食品安全

1. 食用农产品与食品安全的内涵

食品指各种供人食用或饮用的成品和原料，以及按照传统既是食品又是药品的物品。无论从可直接食用、食用品原料还是按照传统既是食品又是药品方面理解，食用农产品均属于食品的重要组成部分。

《食品安全法》对“食品安全”的定义为，“食品安全指食品无毒、无害，符合应当有的营养要求，对人体健康不造成任何急性、亚急性或者慢性危害。”，是一个涵盖食品营养、健康和安全及其隐患的概念。《中华人民共和国农产品质量安全法》（以下简称《农产品质量安全法》）定义“农产品质量安全”为：“农产品质量符合保障人的健康、安全的要求。”，其对于农产品安全界定更具有针对性，是对《食品安全法》在食用农产品方面的重点加强和补充。

本书侧重于对食用农产品健康、安全监管方面的阐述，“食用农产品安全”应理解为“食用农产品健康安全品质”，更具体讲为：食用农产品的种植、养殖、加工、包装、贮存、运输、销售、消费等活动符合国家强制性标准的质量安全品质要求，不含有导致消费者急性或慢性毒害或疾病感染的因素，不存在损害或威胁消费者及其后代健康的有毒有害物质或隐患。

2. 食用农产品在食品安全中的地位

食用农产品安全是食品安全的前提和基础。食用农产品是食品加工的生物源性材料，也是主要的原材料，即食用农产品产业是食品业的上游环节，其安全品质对食品的质量安全起着根本性的决定作用。如果食用农产品安全监管不力，食品安全监管就会力不从心，也很难起到对食品安全的保障作用。“从农田到餐桌”的食品安全理念正是经过实践对这一关系充分认识的结果。

依照生态学观点，一些有毒物质在食物链中具有富集作用，即有毒物质在食物链传导中，其毒害程度向高端逐渐增强。因此，从理论上食品安全监管应尽量向源性产品特别是植物源性产品及其生产过程延伸。由此可以说，食用农产品安全监管体系建设是食品安全体系建设工作的重中之重。

第二节 食用农产品的安全保障

一、食用农产品安全概况

近年来，我国食用农产品质量安全水平虽然有了较大提高，但生态环境恶化、化学投入品滥用、食用农产品药物残留超标及病害防控等突出问题仍然没有得到彻底解决，食用农产品引发的重大危害事件时有发生。如 2005 年的“苏丹红事件”、2008 年的婴幼儿奶粉“三聚氰胺事件”和 2010 年的“毒豇豆事件”等，这些在全国引起关注的事件，都与食用农产品的生产经营及管理有着密切的关系，因此食用农产品安全的形势不容乐观。

二、食用农产品安全体系

1. 食用农产品安全系统

从系统的角度，如果将影响食用农产品安全的生产经营过程的因素作为一个系统，其涉及生态环境、食用农产品生产、食用农产品投入品、市场四个子系统（如图 1—1 所示）。从产业类型看，这四个子系统分属不同的行业或行政部门管辖。

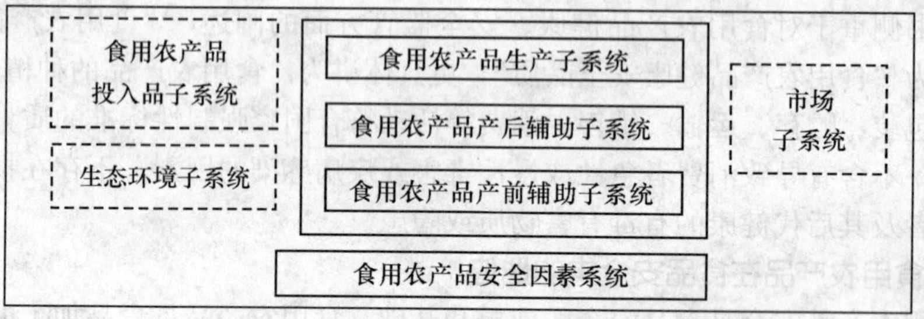

图 1—1　食用农产品安全系统示意图

2. 食用农产品安全环节

食用农产品系统主产业链由生产、加工与包装、贮存与运输及销售等主要环节组成（如图 1—2 所示），这些均是影响食用农产品安全的关键环节和控制点。

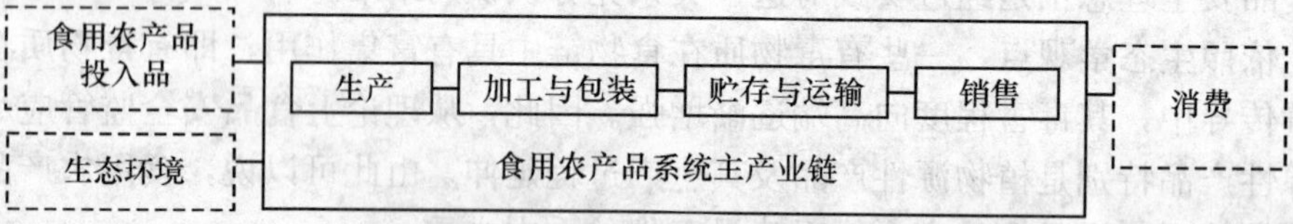

图 1—2　食用农产品产业链环节及外部因素示意图

3. 食用农产品安全因素

从生产经营者角度，食用农产品的安全水平受生产条件、技术水平、质量标准、人员素质、市场规范程度、法制化程度、监管力度等的影响。另外，对食用农产品安全带来影响的外部因素主要有生态环境、食用农产品投入品、市场规范程度等。本书将按照对产业链环节及主要外部影响因素监管的思路分章节进行阐述。

三、食用农产品的安全保障

食用农产品的安全保障是一个庞大的系统工程，管理这个系统工程需要考虑生产经营者、消费者、行政管理和社会监督多个大方面的联动机制与协调。

从监管的全面性和可行性考虑，食用农产品的安全保障需要法律法规体系、技术支撑体系、社会监督体系三大方面的共同支撑。功能上，法规标准层面是行为和执法的规范与依据，技术层面是监管必要的方法与措施，社会层面是监管的公共义务和必要的社会力量补充。

1. 法律法规体系

法律法规体系是食用农产品安全的保障体系，包括法律法规、认证认可、标准的建立与完善。标准是食用农产品生产经营行为和产品质量的规范性要求，也是产品认证认可、法律法规制定、检验监测、社会监督和监管等的重要依据。认证认可是从生产经营自律角度保障食用农产品安全，是保障产品集约化生产或产业化经营安全的有效措施，相应的产品质量标识也为安全监管提供便捷。法律法规是生产经营者、监管和执法者行为的法制化规范依据。

2. 技术支撑体系

技术支撑体系是食用农产品安全保障的监管方法体系，包括检验监测、风险评估与分析、预警预报等诸多方面。检验监测是食用农产品安全监管的技术手段和信息依据，是风险评估与分析、预警预报的技术性量化依据。风险评估与分析是通过信息收集与分析，对食用农产品安全状况和隐患提出初步意见。目前农业部成立了农产品质量安全风险评估专家委员会，为政府主管部门实施风险管理提供决策建议和技术支持。预警预报是发现食用农产品安全隐患和减少安全危害范围的保障措施，可有效提高公众的安全保障水平。

3. 社会监督体系

社会监督体系是食用农产品安全保障的公共监督和社会信用体系，包括宣传教育、信用体系、信息发布制度、新闻媒体的舆论监督等方面。食用农产品安全宣传教育，不仅包括对生产经营者，还包括对消费者和行政管理人员的安全观念与知识的教育与引导。消费者的安全意识、知识和消费观念，行政管理人员专业素质、责任感和管理执法水平都需要通过宣传教育进一步加强。信用体系的建设是一个非常复杂的工程，要通过长时间的努力，随着社会文明程度的进步和市场的规范，信用体系将成为生产经营者市场生存的门槛，信用体系的完善对食用农产品安全监督的长效性具有积极意义。信息发布制度，是保证信息和管理透明的措施，也是动员大众参与食用农产品安全保障的有效手段。随着信息技术的迅速发展，新闻媒体的舆论监督对食用农产品安全保障将起到越来越重要的作用，发动社会力量积极参与安全监督不仅具有巨大的潜力也具有良好的社会基础，因为食用农产品安全是关系到每个人基本生活质量的大事。

第三节　食用农产品的安全监管

一、食用农产品安全监管的体制

1. 安全监管的着力点

食用农产品的产出，一般受自然资源、投入品和市场等要素影响，需要经过生产过程、收获、初级加工与包装、贮存及运输等环节。从行业监管的特点出发，食用农产品安全监管除考虑生产环节和自然资源要素两方面外，还需设置最终消费的安全防范屏障或应急机制。

食用农产品安全监管的主要内容包括：生态环境、投入品、生产过程、初加工与包装、贮存与运输、市场准入与消费。根据每一个方面的具体情况和突出问题设置关键监管点，监管的首要原则是控制和避免人为因素对食用农产品安全品质的负面影响。

2. 安全监管的体制

《食用农产品质量安全法》规定了食用农产品质量安全监管的主体是政府农业主管部门，设立了一系列的监管制度，包括各级政府、农业部门以及其他相关职能部门配合的管理体制，如图 1—3 所示。

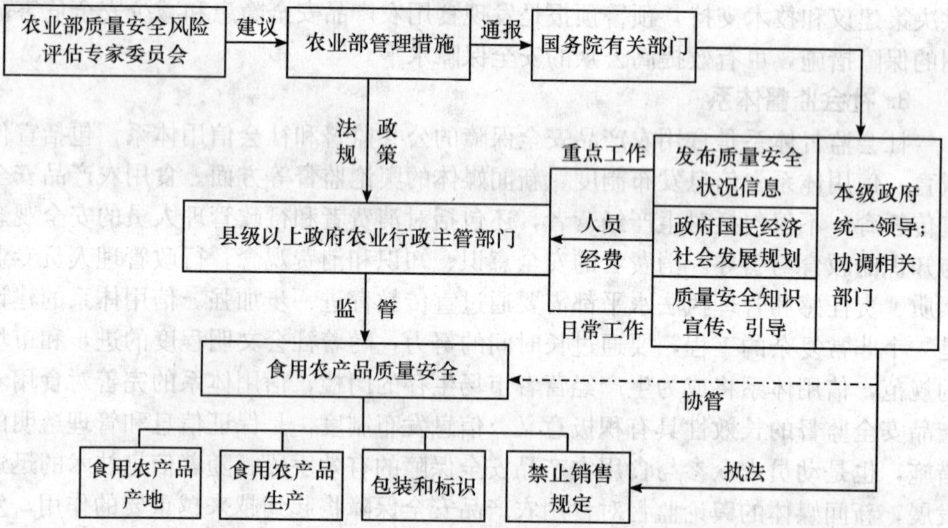

图 1—3　食用农产品质量安全监管体制示意图

二、食用农产品安全监管体系的发展

食用农产品安全监管的全面和有效需要多重相关体系的完善、配合和支撑，其中包括法律法规体系、安全技术支撑体系、风险预测和评估体系、社会信用体系、预警预报和信息发布体系、责任追究和执法体系等。

目前情况下，所有的监管工作均需要最基本的规范，包括技术性规范和法律性规范。《食用农产品质量安全法》涉及的制度如食用农产品生产记录制度、食用农产品包装与标识制度、食用农产品质量安全市场准入制度、食用农产品质量安全监测和监督检查制度等的实施与监管，需要相应的标准和法律法规为依据。因此，食用农产品法律法规体系和安全技术支撑体系成为目前迫切需要完善的工作体系。

1. 食用农产品安全法律法规体系建设历程

我国食用农产品安全法制化进程是由农业发展阶段性特点决定的。20 世纪 80 年代中期之前，我国农业急需解决的是粮食数量安全，这一时期食用农产品总体上是安全的。20 世纪 80 年代至 90 年代，由于市场经济的发展和生活水平的提高，副食类食用农产品数量需求骤增，为了提高产量和追求效益，大量化学投入品开始使用，食用农产品安全问题逐渐显现出来。2001 年加入 WTO 后，由于技术落后、法律法规不健全以及缺乏监管，食用农产品安全问题越来越成为公众健康的威胁，已逐渐由农业问题演化为社会问题，也严重影响了对外贸易，食用农产品安全法制化建设成为一项紧迫的任务。

已发布与食用农产品安全有关的主要法律法规和规章如下：

(1) 已发布的相关法律 《中华人民共和国农业法》《中华人民共和国动物防疫法》《中华人民共和国农产品质量安全法》《中华人民共和国食品安全法》《中华人民共和国产品质量法》《中华人民共和国标准法》《中华人民共和国进出口商品检验法》《中华人民共和国进出境动植物检疫法》等。

(2) 已发布的相关法规 《农药安全使用规定》《关于加强农业标准和农业监测工作，促进高产优质高效农业发展的意见》《农药管理条例》《农药管理条例实施办法》《饲料和饲料添加剂管理条例》《农药登记资料要求》《无公害食用农产品管理办法》《关于加强新阶段“菜篮子”工作的通知》《农产品产地安全管理办法》。

(3) 已启动的国内认证体系 1990 年开始的绿色食品认证，1994 年开始的中国有机食品认证，2003 年开始的无公害食用农产品认证。

经过长期的建设，中国食用农产品质量安全法律法规日趋完善，初步形成了以《中华人民共和国农产品质量法》为核心和基础，以涉及农业行业安全监管及大量技术标准的法规为主体，以各省及地方政府的规章制度为补充的食用农产品质量安全法律法规体系。

2. 食用农产品安全技术支撑体系建设

我国食用农产品安全技术在建立农业科技体系、食品工业科技体系和公共卫生体系的过程中，得到了较大的发展。卫生、农业、质量监督检验检疫等部门均设立了与食用农产品安全有关的机构，并在各自的领域中具备了一定的实验条件。科技部将“食用农产品安全关键技术”列入“十五”重大专项科技项目。食用农产品安全技术创新已经被纳入我国中长期科学技术发展规划之中。国家“863计划”和科技攻关计划等科技项目计划中都把食用农产品产地环境监测、食用农产品安全生产过程控制技术等作为支持重点。食用农产品质量安全和检测技术研究相关机构和队伍的建设得到了一定的发展。

农业及相关行业或部门的技术进步，为食用农产品安全体系建设奠定了较好的基础。与食用农产品安全技术支撑体系相关的技术初步形成完整的体系，并在多个方面取得了长足的进展。

食用农产品安全技术支撑体系包括多个方面，目前完善危害性评估技术和食源性危害检测技术是最紧迫的工作。

（1）危害性评估技术　危害性评估是制定食用农产品安全标准的基础和前提。如何提供安全营养的食用农产品（食品）并保障其安全性，一直是世界各国政府努力的目标。我国毒理安全性评价工作已进入规范化、标准化及与国际接轨阶段。

（2）食源性危害检测技术

①化学污染物检测　1959年以前，我国没有统一的食品理化检验方法。1978年卫生部首次颁布《食品卫生检验方法（理化部分）》，包括原子吸收分光光度法、气相色谱法、荧光分光光度法等，使理化检验有了质的变化。20世纪80年代初期，食品卫生检验方法（理化部分）上升为国家标准（GB 5009），1996年颁布了新中国成立以来第四版中华人民共和国国家标准《食品卫生检验方法（理化部分）》（GB 5009—1996），我国食用农产品质量安全体系研究质量的测定方法达到165项。

50多年来，理化分析手段从简单的目视比色发展到原子吸收、气相色谱、液相色谱、荧光分光光度法、紫外分光光度法、质谱、红外、毛细管电泳等现代分析技术；从一般定性分析发展到能对100多种物质的定性、定量分析；从一般成分分析到对杂质的分析，初步发展了对未知物的鉴别。

在农药残留测定方面，我国多残留检测技术取得了较大的进展，已经能在大米、茶叶、果汁等食品中同时检测100多种农药残留，成功研制了有机磷农药快速检测试纸，取得一批农药残留的抗体。农业部门有多个实验室在验证的基础上已经直接应用国外先进的农药多残留检测方法，建立了有机磷和氨基甲酸酯类农药残留快速检测方法。卫生部门除了制定136种农药残留限量标准及相应的123种农药的检验方法外，还发展了近50种农药的多残留检测方法，建立了一系列特异、灵敏的免疫化学检测方法，并掌握了一些先进的分子生物学技术。国家质量监督检验检疫总局建立了一系列农药残留检验方法，并成功地研制了食用农产品（食品）安全检测车。

在兽药残留检测方面，农业部门已经建立了两个兽药残留国家基准实验室，发展了近50种单个兽药在饲料和动物源性食品中残留的测定方法。对于饲料中的“瘦肉精”，农业部门已经发展了成熟的确证检测方法。针对出口需要，国家质量监督检验检疫总局每年投入大量资金建立一些兽药残留检测方法。卫生部门组织了猪肉中盐酸克伦特罗中毒控制方法的研究，取得了明显的进展。

另外，还有部分科研机构和高校正在进行酶联免疫吸附测定法（ELISA）试剂（盒）国产化的研究，生物毒素检测技术获得突破。我国已经成功研制出黄曲霉毒素B1的酶联免疫吸附测定法（ELISA）试剂（盒）和常见中毒毒物快速检测箱；获得一批生物毒素检测抗体，藻类污染毒素检测方法也有所进展。有害有机物的检测技术取得突破。我国已经建立了国际公认的二噁英检测方法，通过了国际社会的分析质量保证考核，并获得了我国二噁英膳食暴露水平数据。在疯牛病的检测方面，卫生部门和国家质量监督检验检疫总局已初步建立了一些检测方法。我国检测设备水平大大提高，目前已有高精密度和分辨率质谱仪。

②微生物污染检验　微生物污染检验方法发展迅速。1960—1962年在我国证实了副溶血性弧菌是引起食物中毒的病原菌，并建立了一整套的常规检验方法及生化、血清、噬菌体的分析技术。1976年卫生部批准颁布了《食品卫生检验方法（微生物学部分）》，检验方法包括食品卫生细菌学检验技术、食品卫生真菌学检验技术、食品卫生微生物学检验和食物中毒细菌学检验技术。目前，我国人畜共患病检测技术已经取得突破，研制出了利用聚合酶链反应（PCR）仪器快速检测禽及禽产品新城疫、禽流感病毒的方法，使常规检测方法检测周期由21天缩短为4小时左右。

另外，通过与“863计划”相衔接，我国已经立项开展了兽药、植物源性食品、动物源性食品等生物芯片检测系统的研发，强化了先进的快速检测设备的开发。这对我国在食用农产品安全高技术领域占有一席之地具有重要作用。

③食品安全控制技术模式的应用　卫生部门从20世纪80年代开始用危害分析和关键控制点（HACCP）进行食品安全质量控制的宣传与培训工作，并于90年代初开展了乳制品行业和餐饮业的HACCP应用试点。农业部门20世纪80年代后期开始在国内水产行业开展了较大规模的HACCP的人员培训、资料编译、企业试点等推广应用工作，并从2003年开始将HACCP在水产养殖业的应用作为重点引进项目。质量监督检验检疫部门1996年以来对水产品、禽肉、畜肉、果蔬汁等行业的出口企业推行了HACCP，取得明显成效。

目前，科技部门在北京、江苏、山东、浙江、福建、广东、陕西、河南建立了8个食用农产品安全关键技术应用综合示范区，旨在组织力量针对肉类、蔬菜、禽类、水产品、茶叶、水果、小麦等类产品，进行食用农产品加工标准体系与全程质量控制体系的研究与示范，建立了以HACCP、良好生产规范（GMP）、良好卫生规范（GHP）、全面目标的卫生操作程序（SSOP）等基本原理为基础的食用农产品加工全程质量控制体系，并结合生产企业建立了示范样板。示范区以市场为导向，政府、科技界、产业界紧密合作，对食用农产品实行“从农田到餐桌”的全程监管，取得了一定的成效。

三、食用农产品安全监管体系存在的问题

1. 法律法规体系

2009年2月28日由十一届全国人大常委会第七次会议审议通过的《食品安全法》是我国食品安全法制化发展的一个新的起点。《食品安全法》明确规定：“制定有关食用农产品的质量安全标准、公布食用农产品安全的有关信息，应当遵守本法的有关规定。”，不仅完善了从“农田到餐桌”的食品链安全法律规定，对食用农产品安全管理法制化进程也起到了重要的作用。

《农产品质量安全法》和《食品安全法》为食用农产品安全法制化管理奠定了基础，但我国食用农产品安全法律法规体系仍存在一些值得注意的问题。

（1）法律衔接与部门配合 《农产品质量安全法》规定了农产品质量安全监管由农业行政主管部门负责，而《食品安全法》规定食品安全监管由卫生行政、农业行政、质量监督、工商行政管理、食品药品监督管理部门负责。另外，有些食用农产品是不经过食品加工环节直接进入消费环节的。实践证明，按食品链来分工监管，容易出现环节监管空隙，而一般的安全事故往往都会在这些环节上。交叉监管容易形成“两不管”地带，形成实际监管盲区。毒奶粉事件发生的关键是奶源站环节监管成为空隙，农业部门与质检部门都认为是对方的事，结果就造成了都不管的局面。

从食用农产品到食品形成的“食品链”看，由于不同行业人员知识背景、管理经验、人员素质、经费、利益或责任考虑角度不同，很可能造成在不同管理段的管理水平、管理标准、管理理念的差异，根据经济学“木桶理论”，食品链的总体安全水准受低水平管理段的制约，还会影响较高水平管理段的积极性，最终造成整个监管水平或食品安全水平难以提升。

（2）法律实施的保障条件 法律的价值在于实施。如果没有好的法律实施体制，法律的作用也会大打折扣。法律实施必须保证机构完整、人员数量配备充分

及素质合格、满足技术需要等条件。

我国在已有法律制度的实施方面，还存在一些不足，主要表现为食用农产品监管体系建设的滞后，造成食用农产品质量安全的监管乏力。以承担食用农产品质量监管主要机构为例，存在检测体系不健全和检测技术水平较低的问题。目前，通过农业部授权认可和国家计量部门认证的食用农产品质量安全检验检测中心有238家，全国省、市、县农业部门已经建立检测机构1 100多家。从数量上全国平均每三个县只有一个检测机构。检测技术水平较低影响安全监管，不仅表现在“海南毒豇豆”两省检测方法和结果的争议上，也表现在全国大部分农贸批发市场检测难以全面实施上。

（3）法律实施的对象　目前，我国食用农产品生产的主力军仍然是分散的农户，这种管理对象的特点有别于大部分发达国家，也有别于食品业。《农产品质量安全法》主要针对农业企业和经济合作组织进行规定，对于广大的分散生产者的有效监管机制仍需进一步研究和探索。

2．安全技术支撑体系

食用农产品的安全监管需要依赖相应的技术支撑，但技术的形成需要长期的积累，也需要国家持续的重点支持。

（1）食用农产品生产技术有待提高　我国对安全食用农产品生产技术的研究是从20世纪80年代才开始的。但是由于我国的经济实力和农业生产经营的特殊性，生产的技术支撑力度远远不够。如无公害高效农药、抗病虫综合优异品种、有效生物防治技术、低流失高效化肥等安全、高效、廉价产品生产技术的研发都有待进一步加强。

（2）技术应用的规范引导不够　投入品对食用农产品安全的负面影响，一方面是生产者的安全意识淡薄，另一方面也是由于种养殖户使用技术过程中没有受到规范性的教育培训的结果。由于生产过程中农药、化肥的不合理或盲目施用，造成地下水、土壤、大气和食用农产品污染。另外，一些推广的新技术价格过高也是影响种养殖户采用的原因。食用农产品安全生产技术的研发应综合考虑有效、购买方便、廉价等因素，在技术推广上也应加强规范化的培训和政策性补贴。

（3）技术转化率低　成熟技术得到快速应用需要中间环节——推广部门。我国食用农产品安全技术的转化率比较低，究其原因，一方面是因为农技推广机构经费不足，导致许多安全技术的示范、推广工作无法开展，新知识、新品种、新技术、新产品的扩散渠道不畅；另一方面，生产者的文化素质较低，接受新知识、新技术的意识差及经济能力的制约，也影响了安全控制技术的应用。

（4）快速检测技术亟待研发　许多食用农产品是鲜活产品，而且品种多、流通快，这就要求有毒有害物质检测技术既快速又能符合精确度要求。这看似是一个小的技术环节，然而面对我国的实际却可是涉及食用农产品是否能实现高效监管的大问题。这一问题的解决，不仅需要科研人员的努力，更主要的是能得到科研管理部门的认可和高度重视。

（5）安全技术标准急需与国际对接　在国际交流方面，我国的食用农产品安全标准工作与发达国家相比还存在较大差距。虽然对国际标准的采标和参标工作已提上日程，并多次派人参加国际会议，但大多停留在熟悉、了解情况阶段，缺乏国际标准研究和制定的经验。例如，以风险分析为基础的食用农产品安全标准已经成为当今世界的趋势，而我国在这方面一直比较落后，许多标准中的指标没有充分利用风险评估技术，标准的科学性和可操作性都不够。

3. 监管硬件建设和投入不够

基层食用农产品安全监管部门的检测设备设施配备不完善，检测手段较为简单，监管人员仅凭眼观、手摸对市场进行检查，对简单的食用农产品标志不清，对于食用农产品添加剂的成分、含量是否符合要求，卫生指标是否合格等却无法检测。同时，由于受经费限制，有的必须检测的项目能省则省，导致一些影响食用农产品安全的产品和问题不能及时发现和处理。

4. 监管人员素质有待提高

在食品安全监管工作中，一些监管人员存在畏难情绪，不能耐下心来研究食品安全监管的法律法规，只背条文，结合实际灵活运用法律法规的能力差；不能及时调整知识结构，对于相关食品安全检测技术和法律法规一知半解，实际操作能力不高。

5. 消费者安全意识淡薄

劣质食用农产品之所以有市场，其中一个重要的方面在于消费者。目前消费者安全意识普遍淡薄，表现在消费取向主要是“价格优先”，首选“便宜”的产品；对购买的食用农产品是否为正规合格企业产品、是否过量使用色素等添加剂关注度不够；购买时不注意索要收据。消费者安全意识淡薄，一方面助长了劣质食用农产品生产者和非法经营者的行为，另一方面也为安全监管工作增加了难度。

第四节　食用农产品安全监管的思路与对策

我国食用农产品安全监管是一项长期、艰巨的工作，需要创新性的实践和探索。安全监管体系需要全方位建设与完善，需要得到全社会的关注和支持。食用农产品安全监管指导思想是：源头治理，预防为主，完善体制，健全机制，全程监管，确保安全。

一、完善法律法规和标准体系

强化食用农产品产地环境、投入品管理及完善法律法规和标准体系等源头性方面的建设，确保食用农产品生产源头安全。

食用农产品产地环境方面。制定相关的产地环境标准，建立相应的产地环境检测网络，减少农药等对自然生态的破坏，使食用农产品安全生产具有可持续性。积极开展产地环境主导影响因子研究，加强无公害产地环境条件的改善，建立食用农产品安全生产产地环境调控技术体系。大力推行“增效、降耗、节能、减污、安全”的清洁生产技术，科学限量使用化肥、农药、兽药、生产调节剂、饲料添加剂、食品添加剂和其他有害物质，并加速环保型、生态型肥料、农药和饲料添加剂的研制。

投入品管理方面。按照相关法律法规的规定，强化投入品市场的监督管理，健全投入品的市场准入制度，严格投入品的生产、经营许可和登记，通过市场准入制度和税收等方法，积极引导推广安全高效投入品的使用。

法律法规和标准体系是规范监管的法制规范源头。应认真贯彻实施《农产品质量安全法》和《食品安全法》，对现有条例、标准等进行补充和完善，并将法律法规中有关食用农产品监管的内容进行整合，理顺执法关系，避免多头执法的问题，形成食用农产品安全监管的合力。同时，食用农产品安全法律法规应在“从农田到餐桌”的食品链的所有环节得到完善，确保食用农产品安全和食品安全监管的连续性和完整性。

加大对制假售假者的惩罚力度，建立损害性赔偿制度和惩罚性赔偿制度，加大行政处罚的力度，同时注重吊销营业执照、吊销许可证等“能力罚”的使用，杜绝继续从事严重违法行为的可能性，并规定违法经营者在一定时间内不得从事食品生产经营活动，同时将生产者和经营者的民事责任、行政责任和刑事责任有机衔接起来。

二、引进国内外新技术，提高检验检测水平

在加强引进和消化国外先进检测技术和方法的基础上，结合我国农业生产的实际情况，研究并制定适合不同层次检测的技术和方法，重点是要加快农药残留、兽药残留等有毒有害物质多残留检测技术的研究，最终提高食用农产品的国

际竞争力。

研制既适合我国国情，又符合国际规则的食用农产品质量和食品安全检验的相关技术和基因食品检测技术，开发准确、便捷的检测仪器和设备，建立产品检验检测技术标准体系及相关的技术开发标准；加强动植物病虫害的检疫、防疫和防治工作，针对大宗食用农产品生产中常见的有害生物、微生物、疫病及其他有毒有害物质的状况，建立危害预测模型，不断提高科学分析和检测手段，强化安全风险处理和防范的技术攻关。

三、健全食用农产品全程、无缝隙监管制度

从种植、养殖、生产加工、批发零售和消费等环节抓好食用农产品安全的全程管理，进行全方位监管，实行无缝隙覆盖。对食用农产品生产过程实行全程监控，确保食用农产品不受污染，进而保证食用农产品安全。健全监管网络是无缝隙管理的保证，建设覆盖城乡的食用农产品安全监管网络是一项基础性的、保证性的长效工作。安全监管网络的基层化延伸，可提高小规模生产食用农产品市场准入的门槛，加大对小规模生产者的教育和监管力度，并从源头上规范和监管食用农产品生产中投入品的使用。

四、建立食用农产品的风险管理及预警机制

食品安全是一项基本的公共卫生问题。对于国家食品安全管理者来说，实现食品的安全供给是巨大的挑战。食品生产、国际贸易、新技术的应用，以及公众对健康保护的期望，形成了一个要求日益严格的食用农产品安全体系的环境。无论是为人类熟知的、还是新出现的一系列食源性危害，都给人类健康带来了风险。通过实施风险分析，可以促进公众健康的改善，同时也为扩大食用农产品国际贸易打下了坚实基础。食品安全风险分析是针对国际食品安全性应运而生的一种宏观管理模式，它是制定食品安全标准和解决国际食品贸易争端的依据，在食品安全管理中处于基础地位，对保证食品的安全性具有重要的意义。

建立食用农产品流通、消费领域的预警机制，以抽查、巡查和专项检查等形式对流通、消费领域的食品质量进行监测，公布监测结果，让消费者充分享有知情权，引导消费者安全消费，以此作为强化对食用农产品质量监管的重要手段。

五、实现食用农产品标识管理，建立可追溯制度

我国的大多数食用农产品在标识上还存在着格式混乱、用词模糊等问题，因此，需要建立适当的、与国际接轨的标识管理标准和法规，对标识进行规范管

理，使消费者对食用农产品，尤其是食用农产品加工品的品质、成分、数量、保质期、产地、生产单位等有清楚的了解。与标识管理相联系、补充的可追溯制度，有助于确定产品的身份、历史和来源，为标识提供信息。

实行监管关口前移，对食用农产品原料进行进货索证索票、购销台账、档案管理等制度，实行食用农产品质量溯源，严把市场准入关。

六、充分发挥社会监督作用

实践证明，社会监督是食用农产品安全监管不可忽视的力量。已发生的食品安全事件，无论是苏丹红、福寿螺、多宝鱼事件，还是三鹿奶粉事件，几乎都是先被消费者或媒体披露的，这充分显示了社会监督不可低估的作用及其所蕴含的巨大潜力。

食用农产品安全是一项关系社会稳定、国际声誉的大事，需要全社会的共同参与。各级政府和各有关部门应大力开展食用农产品安全方面的宣传和教育，通过报刊、电视、网络等媒介，使人们充分认识到食用农产品安全的重要性，提高公众的安全意识。

宣传和教育的对象不仅包括食用农产品生产者和经营者，也包括安全执法和农业科技开发和推广等与食用农产品产业相关的人员。食用农产品安全执法人员要有强烈的工作责任感，并掌握先进的科学检测方法，能根据法律、法规要求严肃执法。对于农业科技开发和推广人员，要掌握先进的科学技术知识，做好农业科技创新与推广工作。对处于食品链尾端的广大消费者，可采取开通专门的食品安全热线方式，使其能通过热线了解正确的食用农产品知识，养成良好的饮食和卫生习惯，并能及时举报在生活中所遇到的食用农产品安全问题。

发挥行业协会的自律作用。行业协会是行业企业自我管理、自我规范、自我约束的一种管理形式。它可以通过行业的内部管理，有效地避免行业内各成员之间的不正当竞争，规范其行为，促进彼此的协作，与政府监管机构一起，维护食用农产品的安全。

对全民进行食用农产品安全知识的宣传教育，利用一切媒体宣传相关安全科普知识、科学种植养殖知识等；加强食用农产品从业人员的培训，普及安全知识，增强安全意识，增强知法守法的自觉性；加强新闻媒体的自律，规范食用农产品广告的宣传；加强社会主义道德、诚信、公德的宣传教育，加强社会信用、企业信用和个人信用的建设，形成诚实、诚信的社会氛围。

第二章　食用农产品生态环境

第一节　食用农产品生态环境与食品安全

一、食用农产品生态环境的含义

生态环境是指由生物群落及非生物自然因素所构成的整体，主要或完全由自然因素形成，并间接地、潜在地、长远地对人类的生存和发展产生影响。生态环境的破坏，最终会导致人类生活环境的恶化。生态环境是一个具有丰富内涵的概念，不同学科的专家对此有不同的理解。广义上的生态环境包括自然生态、经济生态和社会生态，是一个动态的系统，包括政治、经济和文化在内的人类所有活动都必须依托于所栖息的生态环境。狭义上的生态环境是指由水、土壤、大气、森林、草地、海洋、生物等组成的自然生态系统，主要或完全由自然因素形成。生态环境是一个庞大而复杂的系统，具有反馈和自我调节机能，受到损伤后可自我修复。然而，生态环境的这种自调节修复功能是有限度的，超过其阈值便可造成生态失调。

所谓食用农产品生态环境是指与食用农产品息息相关的所有生物及非生物因素组成的生态系统，主要包括土壤、大气、水系等，它对食用农产品的质量及安全有直接或间接影响。

二、食用农产品生态环境涵盖的范围

食用农产品生态环境主要包括水、土壤、大气、森林、草原、海洋等生态因子，然而随着工业化进程的加快，新技术、新材料、新原料的推广使用使得食用农产品生态环境涵盖的范围越来越大，影响因素也越来越复杂，除了常规化学因

子（如有机物和无机物）和生物因子（如有害微生物、寄生虫等）外，物理因子（如声、光、热、辐射等）也成为重要的影响因素。与食用农产品相关的法律法规、部门规章、体制机制、监测检测、技术体系等也属于食用农产品生态环境涵盖的范畴。

本章主要围绕食用农产品安全相关的自然生态因子进行阐述。

三、生态环境对食用农产品安全的影响

食用农产品种类繁多，如种植业中的粮食、蔬菜、水果、茶叶等，养殖业中的畜禽、肉类、蛋类等，渔业中的鱼虾、贝类等。不同的食用农产品生态环境不尽相同，加上我国地域辽阔，气候复杂多变，即使是同一种类的食用农产品，其生存、生长的生态环境也有很大差异。生态环境对食用农产品的影响有以下几个特点：

1. 作用范围广，途径多样

在大气影响中主要是以煤烟型大气污染最为严重，也最为典型。大气污染物主要以二氧化硫、烟尘和粉尘为主，其次还有氮氧化物、一氧化碳、硫化氢、氟等。大气的污染直接影响了农作物生长发育期的光合作用，形成弱苗，抗病虫能力减弱，导致农产品产量和质量的下降。

水体影响包括地下水和地表水对食用农产品安全的影响。受污染的地下水中氰化物、六价铬、铅、砷、铬、镉、氟化物、氯化物、挥发酚等物质对食用农产品的质量和安全有着严重的威胁作用。地表水包括江海、河流、湖泊等，我国有许多河流湖泊遭到不同程度的污染，致使食用农产品受到化学污染的概率大大提高。若铅、砷、汞以及燃煤中的氟等化学物质通过食物链进入人体，经过长期蓄积就会对健康造成慢性危害。

土壤是绝大多数种植业作物的生长载体，其质量的好坏对食用农产品有着直接的影响。目前，土壤中存在的直接有害物质包括砷、镉、铬、铜、汞、铅、镍、锌等重金属元素，影响范围较大的主要是前 4 种元素。

其他方式如酸雨可通过直接作用于地表植被或通过改变土壤、水域的 pH 值对食用农产品产生影响；农药、饲料添加剂、兽药等农业投入品的不科学使用对食用农产品的安全性也有很大影响。

2. 作用方式复杂，富集效果明显

许多生物都有浓集环境中污染物的能力，使体内污染物浓度远大于环境中的浓度，这种现象称为生物浓缩或生物富集。随着时间的推移，体内集聚的污染物不断增加，这种现象称为生物积累。在食物链网中，高营养级生物以低营养级生

物为食物，将食物中所含污染物一并吸收，结果生物体内污染物的浓度逐级增多，这种现象称为生物放大。如有机氯农药使用的数量大、范围广，且有机氯为脂溶性物质，可经体表吸收，容易在脂肪组织中蓄积，并经食物链逐级放大。

DDT 可使鸟类产蛋数目减少，蛋壳变薄和胚胎不易发育，从而严重影响鸟类繁殖。1966 年对美国图利湖和克拉马斯南部保护区中 DDT 污染情况的调查表明，湖中水 DDT 的质量浓度仅为 6×10^{-10} g/L，经水生植物和无脊椎动物等环节后至石斑鱼体中质量浓度达 1.6×10^{-6} g/L，即放大 2 600 多倍。而在食鱼的小鹭体内竟可发现质量浓度为 75×10^{-7} g/L 的 DDT（放大 12.5 万倍），在浓缩 DDT 的小鹭脂肪组织中甚至达到 4.595×10^{-8} g/L，即放大约 77 万倍。

有的物质经过生物富集作用后毒性会明显增强。20 世纪 50 年代在日本熊本县水俣湾渔民中陆续出现多例中枢神经系统患病者，其中部分死亡。当时病因不明，仅称之为水俣病，后证明主要为甲基汞中毒。该地区工厂排出含汞废渣，汞进入水体后经底泥和鱼体中细菌作用转化为甲基汞，居民食用含甲基汞的鱼和贝类而中毒。

土壤中的重金属镉对作物有毒害作用，含镉的废水排入农田能阻碍植物根系的生长，使叶片枯黄，致使植株枯死，即使勉强成活，由于重金属积聚在果实中，人食用后也会在体内累积而造成慢性中毒。

3. 恢复速度慢，影响时间长

环境中的无机毒物和难降解的有机毒物通过大气、水体、土壤进入动植物体内，然后动植物排泄物及其残体经微生物分解后又回到环境中，形成有毒物质的生物循环。其中最重要的循环途径是经农田土壤进入农作物为人畜食用，最后又归于土壤。归纳起来形成几种主要循环系统："农药—土壤—植物—人畜"，"废水—土壤—植物—人畜"，"大气—土壤—植物—人畜"和"废水—水生植物—水生动物—人畜"。积存于土壤中的各种污染物，通过各种方式循环，最后又归于土壤而很难消除和消失。

第二节　我国食用农产品生态环境现状和问题

当前我国生态环境形势严峻，三分之二国土面积以上的生态脆弱地区，普遍存在着严重的生态破坏。土壤深度酸化，重金属及其他有害物质残留量高；农业中的过量施肥以及工业废弃物的随意排放导致水污染流域扩大，水体富营养化加剧；大气污染导致的酸雨发生范围扩大，频率增高。

一、食用农产品生态环境中的土壤问题

我国虽然地大物博，但生态环境基础比较脆弱，庞大的人口对生态环境形成了重大而又持久的压力，加上过去相当长的时间内以牺牲环境求发展的传统发展模式对生态环境造成很大的冲击和破坏。据中国科学院初步估计，我国重金属污染农田已经达到3亿亩，农药污染农田已经达到1.36亿亩，污水灌溉引起的耕地污染面积已经达到3 250万亩，大气污染面积已经达到8 000万亩，固体废弃物堆存占地和毁田达到200万亩。

我国因生态环境恶劣或土壤肥力低下而难用于农林牧的土壤占总面积的1/4；已利用土壤的肥力水平偏低。我国一些地区如东北黑土区，土壤有机质已由开垦时的8%～10%降至2%～3%，表土层因水蚀、风蚀而逐年变薄，土壤质量下降。目前，全国耕地有机质含量平均仅为18.0 g/kg，旱地土壤有机质含量平均为10 g/kg，远低于欧洲和北美等发达国家或地区平均30 g/kg以上的水平。土壤养分状况失衡，耕地缺磷面积达51%，缺钾面积达60%，耕地退化趋势加重，退化面积占耕地总面积的40%以上。

土壤问题具有隐蔽性和滞后性等特点，一旦受到破坏，短时间很难治理恢复。土壤问题主要包括土壤污染和土壤性质恶化。

1. 土壤污染

我国土壤污染总体形势相当严峻，具体状况为：土壤深度酸化，砷、汞、铅等重金属含量较高，农药等有机污染物残留严重，固体废弃物的堆放引起的有害物质残留，化学肥料的大量使用带来的氮、磷污染，以及畜禽废弃物排放、污水灌溉、农用地膜使用引入的多种有毒有害物质残留加剧。据不完全调查，目前全国受污染的耕地约有0.1亿公顷，污水灌溉污染耕地216.7万公顷，固体废弃物堆存占地和毁田13.3万公顷，合计约占耕地总面积的10%以上，其中多数集中在经济较发达的地区。土壤污染直接影响农田生态系统的结构和功能，最终将对农业生态安全构成威胁。

土壤污染包括重金属污染（砷、汞、铅、铬、镉、铜等）和有机物污染。重金属污染是我国土壤污染的一个重要方面，重金属污染主要来源于污水灌溉、开矿和冶炼“三废”排放，城市污水和垃圾、有机肥料（尤其是近年来饲料添加剂中含有高量铜、砷等）与磷肥（磷矿石中含镉）等大量施用以及大气污染颗粒的沉降等。

土壤污染的另一个重要方面是有机物污染。土壤有机物污染主要包括农药、石油及其衍生品、固体废物及其渗滤液等造成的污染。

2. 土地荒漠化、盐碱化形势严峻

我国荒漠化土地面积为 26 220 万公顷，约占国土总面积的 27.3%，每年新增荒漠化面积 24.6 万公顷。我国盐渍化土壤面积约 1 亿公顷，其中现代盐渍化土壤约 0.37 亿公顷，残余盐渍化土壤约 0.45 亿公顷，潜在盐渍化土壤约 0.17 亿公顷。

长期、过量施用化肥会导致土壤酸化或碱化。国外专家指出，中国耕地只占世界耕地的 10%，氮肥使用量却占世界的近 30%。土壤溶液中和土壤微团上有机、无机复合体的氨离子量增加，与土壤中的氢离子起代换作用，被土壤胶体吸附，并代换 Ca、Mg 离子等，使土壤胶体分散、土壤理化性质恶化、土壤微生物受到不良影响，造成土壤有机质减少、肥力衰退，直接影响农业生产成本和农产品的产量和质量。

在土壤营养循环中，消耗与补偿之间严重失调，单一施用化肥的现象越来越严重，使土壤酸化、板结，通透性差，微生物活性降低，有机质含量下降，形成了掠夺性生产，使土壤后劲不足，地力趋于衰竭。另外，废农膜、塑料袋对土壤理化性质的影响也非常大。目前我国地膜施用后约 20%残留在土壤中，长期残留在农田里的废农膜、塑料袋无法被自然吸收，影响土壤的透气性，改变土壤酸碱度，影响农作物对水分、养分的吸收，阻碍植物根茎生长，抑制农作物生长发育，还会造成土壤板结，使大片土地失去使用价值。

二、食用农产品生态环境中的水问题

水是万物之源，也是诸多食用农产品必需的生长要素，涉及面广，受土壤、降雨、农业投入品等多种因素的影响。生态环境中的水系问题主要包括水污染和富营养化。

1. 水污染

水污染是我国面临的最严峻的环境污染问题之一。近 20 年来，水污染从局部河段到区域和流域、从单一污染到复合型污染、从地表水到地下水，扩展速度较快。目前我国江河水污染迅速加重，污染范围持续扩大；湖泊和水库水质恶化，普遍出现富营养化和生态系统退化；近岸海域大面积污染，近海水质恶化，海洋生态环境破坏严重。这在很大程度上是由于农业生产中过量施用化肥和农药、秸秆任意堆放、畜禽养殖废弃物没有得到有效处理造成的。导致水污染的影响因素很多，如固体污染物、氰化物、氟化物、重金属等。

（1）固体污染物　固体污染物主要包括无机污染物和有机污染物。无机污染物主要是指泥沙、炉渣、铁屑、煤灰等。这类污染主要来自于工业废渣、废水。

有机污染物是指排入水中的固体有机物，对水系的富营养化有很大影响。

（2）氰化物　氰及其化合物主要来自于电镀、焦化、煤气、冶金、化肥和石油化工等排放的工业废水，有剧毒。水中的氰化物可进入食物链并累积。

（3）氟化物　水中氟化物的污染途径主要有：地层中含有大量的氟化物；氟矿开采引起的氟扩散；铝厂、钢铁厂及磷肥厂等排出的工业污水；大气中的含氟微粒等。

（4）石油类　石油工业排放的废水中不仅含有石油，还含有3，4-苯并芘等影响食用农产品安全的污染物。

（5）酸碱污染物　酸碱污染物主要是通过改变水的pH值，破坏土壤的理化性质，影响种植业和养殖业。

（6）重金属　冶炼、化工等工业废水中含有大量的重金属物质，如汞、砷、铅、镉、铬等。这些重金属不仅对生物有显著毒性，而且能被生物吸收后通过食物链积累几千倍以上，最终进入人体造成慢性中毒或严重疾病。例如，日本神通川上游锌矿冶炼排出含镉废水污染了神通川，用河水灌溉稻田，使水稻中镉积累，当地人长期食用含镉米，饮用含镉水，结果使许多人患骨疼病。

2008年全国环境状况评价报告显示：526个日排污水量大于100吨的直排海工业污染源、生活污染源、综合排污口的污水排放总量为45.65亿吨，各项污染物排放量分别为：化学需氧量31.29万吨、石油类1 864吨、氨氮41 531吨、总磷4 213吨、汞0.25吨、六价铬0.31吨、铅2.7吨、镉0.16吨，详见表2—1。

表2—1　　各类直排海污染源排放情况

污染源类别	废水量（亿吨）	化学需氧量（万吨）	石油类（吨）	氨氮（吨）	总磷（吨）	汞（吨）	六价铬（吨）	铅（吨）	镉（吨）
合计	45.65	31.29	1 864	41 531	4 213	0.25	0.31	2.7	0.16
工业	15.41	4.31	154	2 210	204	0.008	0.3	0.4	0.07
生活	7.36	7.85	703	12 110	1 834	—	—	—	—
综合	22.88	19.13	1 007	27 211	2 625	0.24	0.006	2.3	0.09

2006年监测统计表明，河流水质符合和优于国家标准Ⅲ类水的河长占58.3%，Ⅳ类水和Ⅴ类水河长共占19.9%，劣Ⅴ类水河长占21.8%；黄河、辽河、淮河、松花江和海河5个区水质较差，符合和优于Ⅲ类水的河长占42%～30%。河流污染以耗氧有机物为主，主要污染项目是高锰酸盐指数、化学需氧量、氨氮、五日生化需氧量和挥发酚。湖泊水质符合和优于Ⅲ类水的面积占49.7%，Ⅳ类和Ⅴ类水的面积共占15.3%，劣Ⅴ类水的面积占35%。全国重点

湖泊的主要污染项目是总磷、总氮、高锰酸盐指数、化学需氧量和氨氮。地下水监测井中水质符合和优于Ⅲ类水的水井占 38.7%，适合除饮用外其他用途的Ⅳ～Ⅴ类水井占 61.3%。2008 年中国环境状况公报显示全国地表水污染依然严重。七大水系水质总体为中度污染，浙闽区河流水质为轻度污染，西北诸河水质为优，西南诸河水质良好，湖泊（水库）富营养化问题突出。200 条河流 409 个断面中，Ⅰ～Ⅲ类、Ⅳ～Ⅴ类和劣Ⅴ类水质的断面比例分别为 55%、24.2%和 20.8%。其中，珠江、长江水质总体良好，松花江为轻度污染，黄河、淮河、辽河为中度污染，海河为重度污染。如图 2—1 所示。

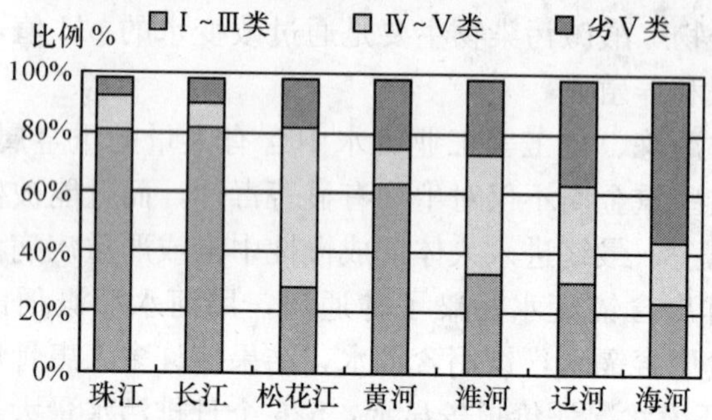

图 2—1　七大水系水质类别比例

28 个国家监控重点湖（库）中，满足Ⅱ类水质的有 4 个，占 14.3%；Ⅲ类的有 2 个，占 7.1%；Ⅳ类的有 6 个，占 21.4%；Ⅴ类的有 5 个，占 17.9%；劣Ⅴ类的有 11 个，占 39.3%。主要污染指标为总氮和总磷。

2. **水体富营养化**

富营养化是一种氮、磷等植物营养物质含量过多所引起的水质污染现象。水体营养物质含量增加，使藻类大量繁殖，水生植物的大量繁殖及死亡后的分解作用需要消耗大量的氧气，会降低水中氧的含量，形成厌氧条件，造成水质恶化，引起鱼类的大量死亡。随着鱼类尸体及死亡植物进一步厌氧分解，产生硫化氢、氨气、硫醇等恶臭物质，使水域成为死水，造成水体的富营养化。我国湖泊、水库和江河富营养化的发展趋势非常迅速。1978—1980 年大多数湖泊处于中营养状态，占调查面积的 91.8%，贫营养状态湖泊占 3.2%，富营养状态湖泊占 5%。短短几年间，贫营养状态湖泊大多向中营养状态湖泊过渡，贫营养状态湖泊所占评价面积比例从 3.2%迅速降低到 0.53%，中营养状态湖泊向富营养状态过渡，富营养化湖泊所占评价面积比例从 5%剧增到 55.01%。近几年来武汉汉江下游水质急剧恶化，呈富营养化状态，在 20 世纪 90 年代曾两次出现水体中藻类急剧繁殖的“水华”现象。

在水产养殖行业，由于经济利益的驱使，人们片面追求养殖产量，每年都要投入大量的精饲料、青粗饲料、肥料和药物，氮、磷等营养物的释放，造成局部水体富营养化，同时各类化学药品和抗生素的使用污染了水域环境。由于忽视养殖水域的生态环境维护，致使我国水产养殖水域多年来一直满负荷甚至超负荷运转，由此造成了水产资源锐减和水域环境污染、反过来又限制了经济增长的恶性循环，严重地制约了我国水产养殖业的可持续发展。

农业投入品如化肥的不合理使用、现代工业排放的有机废物、养殖业的畜禽排放物、污水等也是造成水体富营养化的重要因素。大量冲洗畜禽舍的污水是水质的主要污染源。据测定，采用水冲式清理粪便，1 头猪日污水排放量约为 30 公斤，1 000 头猪污水排污量达 30 吨，年排污水量达 10 000 吨。这些污水一般不经处理就会排入河流或土壤中，从而对地表水和地下水造成污染。这些被污染的水，如果不经处理排入水库、湖泊中，则会使水中的生物，特别是藻类，因获得氮、磷、钾等丰富的营养后立即大量繁殖，消耗水中的氧，加速水体的富营养化过程。2008 年，全国废水排放总量为 572.0 亿吨；化学需氧量排放量为 1 320.7 万吨；氨氮排放量为 127.0 万吨。

表 2—2 全国废水和主要污染物排放量

项目/年度	废水排放量（亿吨）			化学需氧量排放量（万吨）			氨氮排放量（万吨）		
	合计	工业	生活	合计	工业	生活	合计	工业	生活
2006	536.8	240.2	296.6	1 428.2	541.5	886.7	141.3	42.5	98.8
2007	556.8	246.6	310.2	1 381.9	511.1	870.8	132.4	34.1	98.3
2008	572.0	241.9	330.1	1 320.7	457.6	863.1	127.0	29.7	97.3

在监测营养状态的 26 个湖（库）中，重度富营养的有 1 个，占 3.8%；中度富营养的有 5 个，占 19.2%；轻度富营养的有 6 个，占 23.0%。详见表 2—3、表 2—4、表 2—5、表 2—6、表 2—7。

表 2—3 重点湖（库）水质类别

个数/水系	个数	Ⅰ类	Ⅱ类	Ⅲ类	Ⅳ类	Ⅴ类	劣Ⅴ类
三湖*	3					1	2
大型淡水湖	10		2	1	3	1	3

续表

水系＼个数	个数	Ⅰ类	Ⅱ类	Ⅲ类	Ⅳ类	Ⅴ类	劣Ⅴ类
城市内湖	5				1		4
大型水库	10		2	1	2	3	2
总计	28		4	2	6	5	11
比例（%）		0	14.3	7.1	21.4	17.9	39.3

*：三湖是指太湖、滇池和巢湖。

表 2—4　　重点大型淡水湖泊水质状况

湖库名称	营养状态指数	营养状态	水质类别		主要污染指标
			2008 年	2007 年	
达赉湖	68.7	中度富营养	劣Ⅴ	劣Ⅴ	pH、高锰酸盐指数、总磷
白洋淀	65.3	中度富营养	劣Ⅴ	劣Ⅴ	氨氮、总磷、总氮
洪泽湖	55.8	轻度富营养	劣Ⅴ	劣Ⅴ	总氮、总磷
南四湖	50.8	轻度富营养	Ⅳ	Ⅴ	石油类、总磷、总氮
博斯腾湖	50.7	轻度富营养	Ⅲ	Ⅲ	—
鄱阳湖	49.4	中营养	Ⅳ	Ⅳ	石油类、总磷、总氮
洞庭湖	46.6	中营养	Ⅴ	Ⅳ	总磷、总氮

表 2—5　　城市内湖水质评价结果

湖库名称	营养状态指数	营养状态	水质类别		主要污染指标
			2008 年	2007 年	
东湖	63.0	中度富营养	劣Ⅴ	劣Ⅴ	总磷、总氮、高锰酸盐指数
玄武湖	59.6	轻度富营养	劣Ⅴ	劣Ⅴ	总氮、总磷
大明湖	59.5	轻度富营养	劣Ⅴ	劣Ⅴ	总氮、五日生化需氧量、总磷
西湖	51.8	轻度富营养	劣Ⅴ	劣Ⅴ	总氮、石油类
昆明湖	49.3	中营养	Ⅳ	Ⅲ	总磷、总氮

表 2—6

湖库名称	营养状态指数	营养状态	水质类别		主要污染指标
			2008 年	2007 年	
镜泊湖	40.1	中营养	Ⅳ	Ⅳ	高锰酸盐指数

续表

湖库名称	营养状态指数	营养状态	水质类别		主要污染指标
			2008 年	2007 年	
洱海	38.9	中营养	Ⅱ	Ⅲ	—
兴凯湖	—	项目不全未计算	Ⅱ	Ⅳ	—

表 2—7　　大型水库水质评价结果

湖库名称	营养状态指数	营养状态	水质类别		主要污染指标
			2008 年	2007 年	
崂山水库	49.8	中营养	劣Ⅴ	劣Ⅴ	总氮
于桥水库	46.8	中营养	Ⅴ	Ⅴ	总氮
松花湖	45.3	中营养	Ⅴ	Ⅴ	总氮、总磷
董铺水库	44.2	中营养	Ⅲ	Ⅲ	—
门楼水库	40.5	中营养	劣Ⅴ	劣Ⅴ	总氮
大伙房水库	36.7	中营养	Ⅴ	Ⅴ	总氮
千岛湖	34.1	中营养	Ⅳ	Ⅲ	总氮
密云水库	32.7	中营养	Ⅱ	Ⅱ	—
丹江口水库	31.9	中营养	Ⅳ	Ⅲ	总氮
石门水库	—	项目不全未计算	Ⅱ	Ⅱ	—

三、食用农产品生态环境中的大气问题

大气问题主要是指大气污染。大气污染的种类很多，按其来源分为一次污染物和二次污染物。一次污染物是指直接由污染源排放的污染物。如氟化物、二氧化硫、硫化氢、氮氧化物、二氧化碳、氟化氢、氯化氢和粉尘等；一次污染物之间和一次污染物与大气的正常成分之间发生的化学作用生成的污染物为二次污染物。

1. 氟化物

氟化物污染以大气污染最为严重。许多工厂排出的氟化物主要为四氟化硅和氟化氢，它们易溶于水，有剧毒性。以氟化物作为原料的化工厂、铝厂、钢铁厂及磷肥厂生产工业区周围的大气中氟气、氟化氢、四氟化硅和含氟粉尘量很高。

大气中的氟对植物的危害较大，低浓度时就对植物产生伤害。与二氧化硫相比，氟含量仅为 1%时，就可使植物受害。氟化物通过植物叶片上的孔进入体内，并在体内逐渐积累。如大气中氟含量不变，植物体内的氟化物随着时间增加而逐渐增加，植物体内的含氟量比空气中含氟的浓度高百倍之多。当氟化物在植

物体内积累超过了阈值时，将使植物受害或枯死。另外，受氟污染的粮食、蔬菜、水果和牧草还会对人和动物造成危害。

2. 二氧化硫

二氧化硫是形成酸雨的主要物质来源。在19世纪中叶，酸雨相继出现在英国、美国、瑞士、挪威等一些工业化国家。中国从20世纪80年代以来，酸雨污染呈快速发展趋势。到20世纪90年代中期，酸雨已发展到青藏高原以东及四川盆地的广大地区。有的地区已到了“逢雨必酸”的程度。酸雨的危害是多方面的，它对农作物、林业、渔业以及动物和人体的健康都带来严重危害。

3. 氮氧化物（NO_x）

NO_x是氮氧化物的总称。大气中氮氧化物主要是二氧化氮和一氧化氮。人类活动排放的氮氧化物主要来源于各种燃烧过程的排放物，其中工业窑炉和汽车排放的氮氧化物最多。在农业上，若作物施用氮肥过多，土壤氮素转化中就有二氧化氮。低浓度的氮氧化物对植物生长有促进作用，但当植物叶片积累的氮氧化物达到一定浓度时，则会妨碍植物生长，严重时可使果蔬等作物遭受危害。另外，在阳光紫外线照射下，氮氧化物能够与其他大气污染物（如碳氢化合物）产生各种光化学反应而生成多种有毒有害气体，如过氧乙酰基硝酸酯和臭氧等，这些二次污染物也对植物的生长产生危害。

4. 大气颗粒物

大气颗粒物主要由煤烟粉尘、金属飘尘和泥土飘尘等组成，粒径一般在0.05～10 μm之间。烟尘产生于大型厂矿排出的煤烟，金属飘尘主要是金属冶炼厂排入大气的金属颗粒，如铝、镉、铬、锌、汞等。泥土飘尘是指在风沙比较大的地区或在多风季节由风刮起的飘尘，其构成除了泥土之外，也有一些有毒物质，如苯酚、萘和3，4-苯并芘等物质。大气颗粒如果沉降在农作物上，会使农作物减产，品质下降，另外大气颗粒对土壤和水系也有很大影响。2008年，二氧化硫排放量为2 321.2万吨，烟尘排放量为901.6万吨，工业粉尘排放量为584.9万吨，详见表2—8。

表2—8　全国废气中主要污染物排放量

项目 / 年度	二氧化硫排放量（万吨）			烟尘排放量（万吨）			工业粉尘排放量（万吨）
	合计	工业	生活	合计	工业	生活	
2006	2 588.8	2 234.8	354.0	1 088.8	864.5	224.3	808.4
2007	2 468.1	2 140.0	328.1	986.6	771.1	215.5	698.7
2008	2 321.2	1 991.3	329.9	901.6	670.7	230.9	584.9

煤燃烧产生的二氧化硫在大气中氧化，而生成的二次污染物主要是硫酸雾和硫酸盐气溶胶等。硫酸雾是强氧化剂，其毒性更大。硫酸雾和硫酸盐在大气中遇到冷气流形成酸雨。酸雨对植物、动物和土壤、水源造成极大的污染。

酸雨的危害有三：一是使土壤养分流失，微生物固氮作用减弱，土壤物理化学性质恶化；二是造成土壤酸化，使土壤中活性铝离子浓度增大，影响作物生长；三是活化土壤有害金属离子，使植物吸收量增加，影响农作物的产量和质量，危害人类健康。

2008 年的调查结果显示，在监测的 477 个城市（县）中，出现酸雨的城市有 252 个，占 52.8%；酸雨发生频率超过 25%的城市有 164 个，占 34.4%；酸雨发生频率超过 75%的城市有 55 个，占 11.5%，详见表 2—9、表 2—10。

表 2—9　　全国酸雨发生频率分段统计

酸雨发生频率（%）	0	0～25%	25%～50%	50%～75%	≥75%
城市数（个）	225	88	57	52	55
所占比例（%）	47.2	18.4	11.9	10.9	11.5

表 2—10　　全国降水年均 pH 值统计

年均 pH 值范围	＜4.5	4.5～5.0	5.0～5.6	5.6～7.0	≥7.0
城市数（个）	42	73	69	205	88
所占比例（%）	8.8	15.3	14.5	43.0	18.4

当前酸雨主要集中在长江以南，四川、云南以东的区域，包括浙江、福建、江西、湖南、重庆的大部分地区以及长江、珠江三角洲地区。

四、其他问题

1. 外来入侵物种

外来入侵物种是指植物、动物和微生物从其原生地，经自然或人为的途径，传播到另一个环境定居、繁殖和扩散，最终明显影响和改变迁居地的生态环境，如水葫芦、豚草、紫茎泽兰、褐家鼠、美洲斑潜蝇、温室白粉虱等。外来入侵物种对我国生态环境的稳定造成严重威胁，使其结构和功能的完整性受到破坏。如 1901 年从南美洲引入的水葫芦、20 世纪 50 年代从中缅边境传入我国的紫茎泽兰就曾经泛滥成灾；从北美传入的松材线虫曾导致 3 500 多万棵松树枯死；从美国入侵我国的白蛾，爆发时几乎吃光当地所有的绿色植物叶片。

2001 年我国首次对外来入侵物种展开全国范围内的调查，结果显示外来入侵物种共 283 种，外来入侵物种中最大来源地为美洲，有 178 次，占总频次的 55.1%。外来入侵物种通过压制或排挤本地物种，危及本地物种的生存，加快物种多样性和遗传多样性的丧失，破坏生态系统的结构和功能，进而造成巨大的生态环境和经济损失。目前我国截获的有害生物来自 110 多个国家和地区，截获疫情较多的货物依次是木材类、大豆、水果、种苗，旅客携带物中截获疫情较多的是水果和种苗。尤其是近年来，入侵我国的外来有害生物呈现传入数量增多、传入频率加快、蔓延范围扩大、发生危害加剧、经济损失加重的趋势，中国面临外来有害生物入侵的压力越来越大。据统计，在国际自然保护联盟（IUCN）公布的全球 100 种最具威胁的外来生物中，我国已经有 50 余种。我国已经成为遭受外来入侵生物危害最严重的国家之一。就食用农产品安全生产来说，防范外来有害生物加速入侵的形势十分紧迫。

2. 转基因污染

所谓基因是指带有遗传性状的 DNA 片断，每个基因都具有自身的遗传密码。基因虽然只有小小的一段，却有着重要的功能，因为基因决定着蛋白质的合成。基因决定蛋白质，蛋白质决定代谢作用，代谢作用决定着各种形状。转基因技术就是人们按照自己的意愿，对生命的最本质特性——遗传物质直接操作，把所需要的目的基因导入细胞内，使生物体获得新的性状。转基因作物就是利用基因工程的方法把作物基因构成加以改变以培育作物，使其具有新的性状，如抗虫性、抗病性、抗逆性等。自从 1986 年美国转基因植物学家毕齐领导的小组成功培育世界上第一批转基因抗病毒西红柿以来，抗除草剂、抗虫、抗病等抗性转基因作物在美国、加拿大、阿根廷等国家进行了大规模的商业化种植。虽然转基因作物显出了相当优良的生物特性及商业价值，然而它对生态环境的影响也逐渐成为大家关注的焦点。

抗病毒的转基因作物在杀灭目标害虫和病毒的同时，也会威胁环境中其他生物生存。同时，这一危害还可以通过生物链的方式，对其他生物构成影响。例如，喂食转基因玉米的益虫棉草蛉死亡率高达 62%，成虫时间慢 3 天；喂食转基因马铃薯的蚜虫，天敌瓢虫死亡时间提前，生殖率降低 38%，不能孵化率提高 3 倍。同时，对于异花授粉的作物，转基因作物与非转基因作物之间可能通过花粉转移，使整个物种发生变异。例如，抗病毒植物与其他植物杂交后，在一定条件下会增强杂草化趋势。一种转基因油菜在英国种植后不仅变成野生杂草，而且成为花粉气喘过敏症的过敏源。转基因水稻与近缘的野生水稻种在同一区域时，野生稻可能会变成恶性杂草。

第三节　食用农产品生态环境监管对策

生态环境的破坏给食用农产品带来巨大的安全隐患，直接影响公众健康，对我国的社会稳定及可持续发展带来较大的负面影响，因此，积极推进食用农产品生态环境建设已成为当前亟待解决的重大问题。

一、影响食用农产品生态环境的主要因素

生态环境状况与生产力发展水平、社会进步程度息息相关。工农业生产水平偏低，相关废物、废水、废气处理技术脱节等因素对生态环境造成巨大的破坏。

工业生产产生的“三废”与城乡生活垃圾数量巨大，处理利用率低。2007年，全国工业固体废物产生量为17.576 7亿吨，排放量为1 197万吨；全国工业废水排放量为246.5亿吨，生活废水排放量为310.2亿吨，城镇污水处理率只有60%；工业废气中二氧化硫排放量为2 468.1万吨，烟尘排放量为986.6万吨，工业粉尘排放量为699万吨。我国城市人均年产生生活垃圾440公斤，是人均粮食占有量的1.16倍，而且还以年均8%～10%的速度增长；2006年我国城市生活垃圾的清运量为1.5亿吨。目前，农村每年产生的90多亿吨生活污水基本上任意排放，2.8亿吨生活垃圾也是随意倾倒。这些来自城乡的、数量巨大的固、液、气态污染物，由于处理利用率低，直接污染了农业生产所需要的土地、水、大气以及生物资源等环境要素，严重地破坏了生态环境。

农业生产水平及生产方式的落后对生态环境也有很大的影响。我国每年产生的畜禽粪便量约27亿吨。由于畜禽养殖业逐步从农业生产体系中分化出来，集约化、规模化养殖比例大为增加，独立化和专业化已成为发展趋势，导致畜禽粪便与种植业脱节，得不到及时还田。全国只有少数养殖场实施了能源环境工程，仅不足3%的粪污在排放前经无害化处理。得不到及时处理的畜禽粪便，在堆制期间畜禽粪便中的大量氮、磷渗入地下，使地下水中硝态氮、硬度及有害微生物超标；未经处理的畜禽粪便直接排入河流湖泊，因其本身含较高的氮磷与有机成分，会造成地表水富营养化；新鲜粪便含有硫化氢、氨气、胺等有害气体，随着堆放时间的延长，恶臭气体成倍增加，影响着畜禽的生长；已患病或隐性带病的畜禽排出的、含有大量病源微生物的粪便，若不适当处理就会造成疫病传播，不仅影响畜禽的健康，有的也会危及人类的健康。肥料、农药、兽药、饲料添加剂等农业投入品的不合理使用会造成污染物残留，经富集放大后进入食物链循环，

严重影响食用农产品安全。中国的秸秆资源每年约有6.7亿吨。秸秆的直接焚烧会损伤地力，表层土壤过火以后，地下5 cm处温度可达65～90℃，高温抑制土壤中的微生物生长，从而影响农作物养分的转化和供应；秸秆的不完全燃烧会产生大量氮氧化物、二氧化硫、碳氢化合物及烟尘。

二、我国食用农产品生态环境监管的发展

1978年邓小平同志提出我国应制定环境保护法，1984年中央将环境保护提升到“基本国策”的地位，1989年颁布《环境保护法》，1994年我国确立了“可持续发展战略”，1997年《刑法》增加了“破坏环境保护罪”，1999年我国将“国家保护和改善生活环境和生态环境，防止污染和其他公害”写入《宪法》。目前，食用农产品生态环境主要由环境保护部门负责。然而，由于生态环境影响因素的多样性、复杂性，涉及面较广，至今我国还未建立强有力的监管监督机制。环境保护综合协调能力不强，现有的环境保护法律法规缺乏有力的强制措施，对环境违法行为处罚力度偏小，有法不依、执法不严的情况在不同地区仍不同程度地存在。

我国《环境保护法》第16条规定：“地方各级人民政府，应当对本辖区的环境质量负责，采取措施改善环境质量。”依据上述规定，行政区域内各级地方政府应当是本区域生态环境的监管主体，即所谓区域环境监管模式。《环境保护法》第7条第3款和第4款规定：“国家海洋行政主管部门、港务监督、渔政渔港监督、军队环境保护部门和各级公安、交通、铁道、民航管理部门，依照有关法律的规定对环境污染防治实施监督管理。县级以上人民政府的土地、矿产、林业、农业、水利行政主管部门，依照有关法律的规定对资源的保护实施监督管理。”上述规定是考虑到生态环境问题的复杂性而设立的一种行业环境监管模式。这是一种跨行政区域的监管模式，它以各级环境保护部门为监管主体，以特定的行业环境问题为监管对象，以解决行业环境问题为主要监管内容，是区域监管模式的重要补充。对于涉及范围广、影响因素多的环境问题，譬如食用农产品的生态环境问题，《环境保护法》第7条第1款和第2款规定：“国务院环境保护行政主管部门，对全国环境保护工作实施统一监督管理。县级以上地方人民政府环境保护行政主管部门，对本辖区的环境保护工作实施统一监督管理。”这是一种以区域环境监管为主、区域环境监管与行业环境监管相结合的监管模式，即在地方各级人民政府的统一领导下，由各级地方政府环境保护主管部门对本行政区划内的各种环境问题进行统一监督管理。从理论上说，这是一种比较理想的监管模式，它可以消除行业与行业之间、区域与区域之间、行业与区域之间监管上的隔阂，既

能发挥行业监管与区域监管的优势，又能克服各自运行机制上的障碍。但是，现实中这种监管模式因监管内容不明确、监管职权分配不科学、协调机制不完善、责任设计不合理等原因使其形同而质不同。

生态环境问题涉及技术层面、管理层面、制度层面。技术层面涉及研究环境治理、保护有效技术、环境质量的标准制定、生态保护区的设立等；管理层面涉及如何按照既定制度有效组织安排，确保生态环境的健康、稳定；法规层面涉及法规及合理构建各相关主体的产权与利益关系。在上述三个层面中，法规是更为重要的因素。因为好的法规可以催生好的技术，好的法规可以使管理更加有保证。

三、食用农产品生态环境监管的对策

1. 加快食用农产品生态环境保护法律法规体系建设

在现行法律法规中，与食用农产品生态环境保护相关的法律包括《宪法》《农业法》《农产品质量安全法》《土地管理法》《森林法》《环境保护法》《草原法》《渔业法》《野生动物保护法》《水污染防治法》等。在防治农业生态环境污染方面，农业部制定了《农药安全使用规定》《农田灌溉水质标准》《渔业水质标准》《农药安全使用标准》等农业生态环境保护的标准和规章。一些地方政府根据 21 世纪议程中实施《全国农业生态环境保护条例》的计划，制定了地方性农业生态环境保护的法规。例如江苏、重庆、安徽等省（直辖市）分别制定了适应本地域的《农业生态环境保护条例》。

上述法律法规虽然对食用农产品的生态环境保护做了一系列规定，但是仍存在较大的空白区域，如土壤污染、流域污染防治、无公害食用农产品等，并且对食用农产品环境保护工作规定的比较分散，不系统、不具体，针对性不强，在实践中很难得到有效实施。

生态环境保护法规应从系统论的角度和整个世界环境立法的发展趋势出发，而现有生态环境保护的法律法规，多半从保护和合理利用某一农业自然资源出发，往往就资源论资源，而对资源间的整体联系及资源作为生态环境组成部分所具有的多功能性考虑不足，缺乏综合调整保护的规定。实际上，农业自然资源和环境因素之间有着密切联系，客观上需要制定一项综合性的农业环境管理条例或农业资源与环境保护条例，把各种农业环境因素作为一个统一的整体，既充分考虑各项资源的特点，又充分考虑农业生态系统的整体平衡，用可持续发展观对食用农产品环境资源保护的一些重大问题进行全面规划，对各项具体的食用农产品生态环境保护立法进行协调和指导。

因而，必须制定针对性、可操作性都比较强的食用农产品生态环境保护法律法规，规范开发和利用农业资源的行为，控制和治理污染，保护和改善农业生态环境。

2. **建立和完善食用农产品生态环境标准体系**

生态环境标准可定义为：为了达到生态平衡、保障生态安全，依据国家的环境政策和法律规定，在综合考虑自然环境特征、科学技术水平和经济条件的基础上，对生态环境组成要素的质量、资源开发活动的限度或生态保护要求以及生态破坏后的恢复要求进行规定的技术规范。各种生态环境标准的集合称为生态环境标准体系。

目前，我国在食用农产品生态环境保护方面涉及的标准包括：关于城市绿化的《城市道路绿化规划与设计规范》（CJJ 75—1997），关于林业建设的《封山（沙）育林技术规程》（GB/T 15163—2004）、《造林技术规程》（GB/T 15776—2006），关于退化土地治理的《水土保持综合治理技术规范》（GB/T 16453.1～6—2008）、《土地复垦技术标准（试行）》和《全国中低产田类型划分与改良技术规范》（NY/T 310—1996），关于道路交通建设的《铁路工程环境保护设计规范》（TB 10501—1998）和《公路环境保护设计规范》（JTJ/T 006—1998），关于环境影响评价的《环境影响评价技术导则　非污染生态影响》（HJ/T 19—1997）、《港口建设项目环境影响评价规范》（JTJ 226—1997）、《公路建设项目环境影响评价规范》（JTGB 03—2006）、《铁路工程建设项目环境影响评价技术标准》（TB 10502—1993）、《山岳型风景资源开发环境影响评价指标体系》（HJ/T 6—1994）、《环境影响评价技术导则　水利水电工程》（HJ/T 88—2003）等。

目前，我国现有的食用农产品生态环境相关的标准还不成体系，且大多数属于生态建设领域，涉及生态环境保护的很少。因此，当务之急是构建生态环境质量标准体系、生态环境开发保护体系和生态监测方法标准体系的生态环境保护体系框架。

所谓生态环境质量标准是指为了使生态环境满足其生态功能、保障区域生态安全而规定的生态环境各指标要求，如生物量、土壤侵蚀模数、河流泥沙含量、河川径流年内变差、城市绿化覆盖率等。不同类型生态系统具有不同的结构和功能，因此生态环境质量标准可按生态系统类型制定。生态系统类型具有层次概念，为使生态环境质量标准的数量不至于过多，可针对生态系统的一级分类分别制定质量标准，形成森林、草原、荒漠、沼泽、河流、湖泊、海洋与海岸、农田、城镇和乡村聚落10项生态环境质量标准。所谓生态环境开发保护标准是指为了有效保护生态环境、防止生态破坏、达到生态环境质量标准的要求而对开发利用活动的方式和强度及生态恢复要求所作的规定，如耕地利用率、放牧强度、水资源开发利用率、地下水开采强度等。所谓生态监测方法标准是对生态环境标准中各项指标进行测定的方法规范，如样方（点位）布置、样方大小、测量时间、统计计算方法等，是进行生态环境保护的有效依据。

3. 加大生态环境保护新技术、新方法的研发力度

《农业科技发展规划（2006—2020 年）》提出要开展农业面源污染防治和水域生态环境修复。突破源头控制、过程治理以及末端资源化治理等农业面源污染防治核心技术；突破农业环境化学污染物降解和修复技术，开发农业环境生物修复和污染物降解生物制品；研究水域污染生态危害评估与防灾减灾关键技术，开发污染水域综合治理与生态修复关键技术；筛选并培育能高效吸附、富集或降解各类污染物的植物和微生物新品种。

4. 积极推广生态农业

1970 年美国土壤学家威·阿尔毕奇首先提出“生态农业”的概念。所谓生态农业是指生态上能自我维持、低输入，经济上有生命力，在环境、伦理和审美方面可接受的小型农业。其基本内涵是：按照生态学原理和生态经济规律，因地制宜地设计、组装、调整和管理农业生产和农村经济的系统工程体系。它要求把发展粮食与多种经济作物生产结合起来，把发展大田种植与林、牧、副、渔业结合起来；把发展大农业与第二、三产业结合起来。利用传统农业精华和现代科技成果，通过人工设计生态工程，协调发展与环境之间、资源利用与保护之间的矛盾，形成生态上与经济上两个良性循环及经济、环境、社会三大效益的统一。

生态农业是运用生态经济学原理，以系统工程的方法来指导、组织和经营管理农业生产和建设，把传统农业的精华和现代科学技术结合起来的一种新型农业。生态农业决不是回到传统农业或者回归自然，它使农业发展向生态合理的方向转化，是一种农业发展的新模式。狭义的生态农业经济是指遵循发展农村经济与保护农业生态环境相协调、自然资源开发及其增值和保护与实现可持续利用相协调的原则，以生态系统承载能力为前提，充分发挥当地生态优势，在生态良性循环的基础上开发优质、营养、安全、无公害农产品，实现高经济环境效益的现代化农业产业。

我国政府已把制定《中国生态农业发展纲要》和实施《全国农业生态环境保护条例》列入 21 世纪议程优先项目计划。到目前为止，我国已经通过立法确立了一系列保护生态农业的制度。例如，《农业法》第十六条规定了生态农业产业化制度；第六章“农业投入与支持保护”中规定了生态农业投入制度。在《环境保护法》《渔业法》以及《土地管理法》等法律中已经初步探索并建立了环境评价制度、自然资源的规划制度以及耕地保护制度等。在《农业生态环境监测工作条例（试行）》《农田灌溉水质标准》（GB 5084—2005）《渔业水质标准》（GB 11607—1989）《农药安全使用标准》（GB 4285—1989）等农业部制定的农业生态环境保护规章中也制定了生态农业的各种标准制度。由国家环保总局制定的《全国生态示范区建设规划纲要》（1996—2050 年）以及此后颁布的一系列相关纲要、条例等都将生态示范工程确定为重点环境工程。

5. 统筹兼顾，建立生态保护区

生态功能保护区是指在保持流域、区域生态平衡，防止和减轻自然灾害，确保国家和地区生态安全方面具有重要作用的江河源头区、重要水源涵养区、水土保持的重点预防保护区和重点监督区、江河洪水调蓄区、防风固沙区、重要渔业水域以及其他具有重要生态功能的区域，依照规定程序划定一定面积予以重点保护、建设和管理的区域。生态功能保护区建设是统筹人与自然和谐发展，改善和提高生态环境质量的一项重大举措和有效途径，是有效管理和限制开发主体功能区的重要手段，是符合我国现阶段国情的有效生态保护形式。

在水土流失、土地退化比较严重的生态脆弱区，自然生态条件恶劣，其天然植被与生态系统遭到了严重破坏。在这些区域应该立即停止一切导致生态系统继续退化的人为破坏活动，加大现有植被和自然生态系统的保护，恢复和重建退化的生态系统，让该区域生态环境尽快走上良性发展的轨道。同时，在土壤、水体受到污染的地区，停止一切产生严重环境污染的工程项目建设；严格控制人口增长，区内人口已超出承载能力的应采取必要的移民措施；改变粗放生产经营方式，走生态经济型发展的道路，对已经破坏的重要生态系统，要结合生态环境建设措施，认真组织重建与恢复，尽快遏制生态环境恶化趋势。同时采取生物的、物理的及化学的综合方法，修复、重建受损伤的土壤、水体生态系统，使土壤、水体生态系统能够走向自我维持、自我演替的良性循环。

案例 1　香港海域赤潮事件

1998 年春天，一股来势汹涌的赤潮横扫了香港海和广东珠江口一带海域。赤潮过处，海水泛红，腥臭难闻，水中鱼类等动物大量死亡。当地的各类养殖场损失惨重。据《经济日报》1998 年 5 月 3 日报道，此次赤潮事件，香港渔民损失近 1 亿港元；大陆珍贵养殖鱼类死亡逾 300 吨，损失超过 4 000 万元。有些赤潮生物分泌赤潮毒素，当鱼、贝类处于有毒赤潮区域内，摄食这些有毒生物，虽不能被毒死，但生物毒素可在体内积累，其含量大大超过食用时人体可接受的水平。这些鱼虾、贝类如果不慎被人食用，就引起人体中毒，严重时可导致死亡。

相关资料：由于人类的活动，将大量工业废水和生活污水以及农田径流中的植物营养物质排入湖泊、水库、河口、海湾等缓流水体后，水生生物特别是藻类将大量繁殖，使生物量的种群种类数量发生改变，破坏了水体的生态平衡。大量死亡的水生生物沉积到湖底，被微生物分解，消耗大量的溶解氧，使水体溶解氧含量急剧降低，水质恶化，以致影响到鱼类的生存，大大加速了水体的富营养化过程。水体出现富营养化现象时，由于浮游生物大量繁殖，往往使水体呈现蓝色、红色、棕色、乳白色等，这种现象在江河湖泊中叫水华（水花），在海中叫赤潮。在发生赤潮的水域里，一些浮游生物暴发性繁殖，使水变成红色，因此叫“赤潮”。这些藻类有恶臭、有毒，鱼不能食用。

贝毒中毒症状：初期唇舌麻木，发展到四肢麻木，并伴有头晕、恶心、胸闷、站立不稳、腹痛、呕吐等，严重者出现昏迷，呼吸困难。赤潮毒素引起人体中毒事件在世界沿海地区时有发生。据统计，全世界因赤潮毒素的贝类中毒事件约 300 多起，死亡 300 多人。

案例分析：工业污染、生活垃圾排放和养殖投入不当成为水体富营养化形成赤潮的重要因素。忽视对水资源的保护已经使得某些区域的水产品因为体内富集过多有害物质而无法食用，直接导致了水产养殖业的巨大经济损失，也给水产品的食用安全性划上了问号。在食品安全监管过程中，注重源头监管，水产品的污染源头是水体的污染，因此与环保部门的协作显得尤为重要。

结论：全力保障食用农产品所处的生态环境是食品安全监管进行源头治理的着力点，确保水体、土壤、大气等生态环境的质量，建立食品安全监管部门与环保部门在农业生态环境工作中的协调工作机制，减少或杜绝农产品生产区域附近的工业污水和生活污水排放，保持土壤和大气的各项检测指标在食品安全质量达标允许范围以内，确保食用农产品安全。

第三章 食用农产品投入品

投入品是食用农产品生产的重要物质基础，加强投入品监管，规范投入品生产经营和使用既是保障农业生产安全，促进粮食生产和农民增收的重要措施，也是从原料上保障食用农产品质量安全的重要手段。

第一节 食用农产品投入品概述

一、食用农产品投入品的含义

生产过程中所使用的任何资源都是投入品。农业投入品是指在农产品生产过程中使用或添加的物质。包括种子、种苗、肥料、农药、兽药、饲料及饲料添加剂等农用生产资料产品和农膜、农机、农业工程设施设备等农用工程物资产品。也包括不按规定用途非法用于食用农产品生产的物质，如孔雀石绿和瘦肉精。而食用农产品投入品是指在食用农产品生产过程中使用或添加的物质，包括农药、兽药、肥料、饲料、饲料添加剂、种子、种苗、农用薄膜等物资产品。

二、食用农产品投入品的种类

食用农产品投入品涵盖的范围主要包括在农业生产（种植业、畜牧业、水产业）中使用的关乎食用农产品质量安全的农药、化肥、兽药、饲料（饲料添加剂）、种子、种苗等重要农业生产资料。它涉及农业生产全过程的各个方面、各个环节（包括产前、产中、产后）。

1. 农药

农药是指用来防治危害农林牧业生产的有害生物（害虫、害螨、线虫、病原菌、杂草及鼠类）和调节植物生长的化学药品，但通常也把改善有效成分的物理、化学性状的各种助剂包括在内。在农业生产中，为保障、促进植物和农作物生长，所施用的杀虫、杀菌、杀灭有害动物（或杂草）的药物，尤其是在农业上用于防治病虫以及调节植物生长、除草的药剂都称为农药。

农药根据原料来源可分为有机农药、无机农药、植物性农药、微生物农药和昆虫激素。根据加工剂型可分为粉剂、可湿性粉剂、可溶性粉剂、乳剂、乳油、浓乳剂、乳膏、糊剂、胶体剂、熏烟剂、熏蒸剂、烟雾剂、油剂、颗粒剂、微粒剂等。根据防治对象，可分为杀虫剂、杀菌剂、杀螨剂、杀线虫剂、杀鼠剂、除草剂、脱叶剂、植物生长调节剂等。

农药大多数是液体或固体形态，少数是气体形态。根据害虫或病害以及各类农药本身物理性质的不同，采用不同的用法。如制成粉末撒布，制成水溶液、悬浮液、乳浊液喷射，或制成蒸气或气体熏蒸等。

2. **肥料**

肥料是指提供一种或一种以上植物必需的营养元素，改善土壤性质、提高土壤肥力水平的一类物质。肥料是农业生产的物质基础之一，中国早在西周时就已知道田间杂草在腐烂以后，有促进黍稷生长的作用。《齐民要术》中详细介绍了种植绿肥的方法以及豆科作物同禾本科作物轮作的方法等，还提到了用作物茎秆与牛粪尿混合，经过践踏和堆制而成肥料的方法。随着近代化学工业的兴起和发展，各种化学肥料相继问世。18 世纪中叶，磷肥首先在英国出现，1870 年德国生产出钾肥，20 世纪初合成氨研制成功。随后，复合肥料、微量元素肥料和长效肥料也先后上市。生物制剂是近年来出现的一种新型肥料，主要是指含有活微生物的、应用于农业生产中能够获得特定的肥料效应的特定制剂。可分为两类：一类是通过所含微生物的生命活动，为植物生长提供营养元素，促进植物营养状况的改善，进而增加产量的生物制剂，代表品种是菌肥；另一类是除具备第一类的功能外，微生物所产生的代谢物质，对植物产生刺激作用，或促进植物对营养元素的吸收利用，或抵抗某些病原生物的致病作用，减轻病虫害，确保产量增加的生物制剂。如一些生物肥料，包括固氮菌肥、菌根菌肥，磷、钾细菌肥及复合菌肥等。

由于肥料数量和品种的增多及质量的提高，农业生产中的肥料总投入量日益增大，作物产量也相应提高。肥料品种繁多，根据肥料提供植物养分的特性和营养成分，分为无机肥料、有机肥料、有机无机肥料三大类。

（1）无机肥料　无机肥料分为大量元素肥料（N、P、K）、中量元素肥料（Ca、Mg、S）和微量元素肥料（Fe、Mn、Zn、Cu、Mo、B、Cl）。大量元素肥料又按其养分元素的多寡，分为单元肥料和复合肥料。单元肥料仅含氮、磷、钾三要素之一。氮肥有尿素、硫酸铵、氯化铵、碳酸氢铵、硝酸铵等；磷肥有过磷酸钙、重过磷酸钙、磷矿粉、钙镁磷肥等；钾肥有硫酸钾、氯化钾等。复合肥料是含有氮、磷、钾三要素中两种或两种以上元素的肥料。如硝酸钾、磷酸二氢钾、磷酸铵等。

(2) 有机肥料　有机肥料包括有机氮肥、合成有机氮肥等。按特性和积制的方法分，一般有四类：

①粪尿类　包括人粪尿、家畜粪尿、禽粪等。

②堆沤粪类　包括堆肥、沤肥、秸秆还田及沼气发酵肥等。

③绿肥类　包括各种绿色植物体。

④杂肥类　包括泥炭及腐植酸类肥料、泥土类肥料和工业废渣等。

(3) 有机无机肥料　有机无机肥料即半有机肥料，是有机肥料与无机肥料通过机械混合或化学反应而成的肥料。

由于一种肥料常有多种属性，除上述分类外，还有常见的其他分类方法：按肥料物理状态可分为固体和流体肥料。固体肥料又分为粉状和粒状肥料。流体肥料是常温常压下呈液体状态的肥料。按肥料的化学性质，可分为化学酸性肥料、化学碱性肥料和化学中性肥料。按肥料被植物选择吸收后对土壤反应的影响，可分为生理中性肥料、生理碱性肥料和生理酸性肥料。按肥料中养分对植物的有效性，可分为速效肥料、迟效肥料和长效肥料。

3. 兽药

兽药也称为兽用药或动物用药，狭义指家畜和家禽用药，广义指防治除人类以外所有动物疾病及促进其生长繁育的药品。主要是指用于预防、治疗、诊断动物疾病或者有目的地调节动物生理机能的物质（含药物饲料添加剂），主要包括：血清制品、疫苗、诊断制品、微生态制品、中药材、中成药、化学药品、抗生素、生化药品、放射性药品及外用杀虫剂、消毒剂等。从理论上说，凡能影响机体器官生理功能或细胞代谢活动的化学物质都属于药物范畴。在我国，鱼药、蜂药、蚕药也列入兽药管理。

兽药大致可归纳为四类：一是一般疾病防治药；二是传染病防治药；三是体内、体外寄生虫病防治药；四是激素类药物（包括促生长药）。其中除防治传染病的生化免疫制品（菌苗、疫苗、血清、抗毒素和类毒素等），以及畜禽特殊寄生虫病药和促生长药等专用兽药外，其余均与人类用药相同，只是剂量、剂型和规格有所区别。生化免疫制品主要用于预防动物炭疽病、布氏杆菌病、鼻疽病、沙门氏杆菌病，以及多种病毒传染病。

在抗寄生虫药物中，除人、畜共用的抗蠕虫药（甲苯咪唑、左旋咪唑、噻嘧啶等)，抗血吸虫病药（锑剂、硝硫氰胺、吡喹酮等）和驱绦药（氯硝柳胺等）外，畜禽专用的有抗肝片吸虫病药（硝氯酚、三氯苯唑）、锥虫、焦虫病防治药（安锥赛、苏拉明、咪唑卡普等）和蝇蛆病药（有机磷杀虫剂）。最近发现一种大环内酯抗生素，小剂量肌肉注射后，对寄生虫如胃肠道线虫、皮蝇蛆、吸血虱，特别是疥螨，都产生显著的杀灭效果。球虫病严重威胁鸡群、兔群的安全，常用的抗球虫药有 30 多种，有合成药（如氯苯胍、常山酮）和抗生素（如莫能霉素、盐霉素），常交替使用。抗生素类和合成抗生素类统称抗微生物药物，是最主要的药物添加剂和兽药残留物。

4. 饲料和饲料添加剂

饲料是所有饲养动物的食物的总称。一般来说，饲料主要指的是农业或牧业饲养的动物的食物，饲料包括大豆、豆粕、玉米、鱼粉、氨基酸、杂粕、添加剂、乳清粉、油脂、肉骨粉、谷物等十余个品种的饲料原料。饲料添加剂是指在畜禽饲粮中添加量很少，用以纠正由于饲粮成分的缺乏而导致的营养缺乏症或在畜禽的生长中起特殊作用的物质，广义上说，饲料添加剂可分为四类，有维生素、微量元素、氨基酸和生长或效益促进剂。按照饲料成分进行分类，饲料可分为含大量淀粉的饲料、含油的饲料、绿饲料和其他饲料。

（1）含大量淀粉的饲料　这类饲料主要由含大量淀粉的谷物、种子和根或块茎组成的，例如各种谷物、马铃薯、小麦等。这类饲料主要通过多糖类物质为畜禽提供能量，饲料中含很少量的蛋白质。

（2）含油的饲料　这类饲料由含油的种子（油菜籽、黄豆、向日葵籽、花生）等组成。这类饲料的能源主要来源于脂类，因此其能量密度比含淀粉的饲料高。这类饲料的蛋白质含量也比较低。由于油也有工业用途，因此这类饲料的普及性不高。工业榨油后剩下的渣依然含有相当高的油的含量。这些渣也可以作为饲料，尤其对反刍动物非常好，也被广泛使用。

（3）青绿饲料　绿饲料指供给家畜营养的青绿植物。这类饲料中整个植物被喂用，例如青草、青玉米秆等。这类饲料含大量纤维类碳水化合物，蛋白质含量达到 15%～25%，而玉米中淀粉含量达 20%～40%，蛋白质含量则少于 10%。青绿饲料可以新鲜饲喂，也可晒干后保存饲用，还可经发酵后制成青贮饲料饲用。它们比较适用于反刍动物、马和水禽，一般不用来喂猪。

（4）其他饲料　除以上所述的饲料外还有许多其他种类的饲料，这些饲料可为天然生物资源的加工品（如鱼粉）或者是工业副产品（如米糠、酒糟等）。

第二节　食用农产品投入品对食品安全的影响

食用农产品投入品对食品安全的影响，主要指的是对食用农产品质量和安全的影响。质量是指食用农产品的外观和内在品质，如营养成分、色香味和口感、加工性能等；安全是指食用农产品的危害因素，如农药残留、兽药残留、重金属污染等对人、动物、植物和环境存在的危害和潜在危害。食用农产品投入品是农业生产的物质基础，农业投入品的使用，可促进农业发展，提高食用农产品产量，但食用农产品投入品的滥用或违规使用，也会造成严重的食品安全隐患。

人们通过系列研究发现，从20世纪60年代开始广泛应用于工农业生产中的各种化学制剂、化肥、高效杀虫剂对环境的污染，导致了人类生殖力的下降。这些化学物质能够干扰人类雌雄激素分子。据统计，到20世纪末的50年间，男性的精子数量减少了50%，甚至有人认为人类如果不加以控制，最后会被自己创造的化学物质所消灭。尽管这有些危言耸听，但人们对环境中化学物质的危害应该引起高度重视。一项人类流行病学调查显示，人类的生殖内分泌障碍包括激素水平改变、生殖器畸形、精子活力降低或数量减少、发育异常及某些癌症（如乳腺癌、睾丸癌、卵巢癌等）均与环境中的这些化学物质密切相关。由于这些物质的亲脂性，可以通过食物链发生生物富集和生物放大，进入人体后也因难以消除而发生聚集效应。下面主要介绍的是投入品对食品安全的不利影响。

一、食用农产品投入品的生物性污染

所谓生物性污染是指投入品中存在的对人和生物有害的细菌、真菌、病毒、寄生虫等微生物及其毒素。这里所说的微生物及其毒素，主要是指细菌及细菌毒素、霉菌及霉菌毒素等。

1. 细菌性危害

细菌性危害是指细菌及其毒素产生的危害，这种危害涉及面最广、影响最大、问题最多。一类是腐败细菌，主要有微球菌属、葡萄球菌属、假单孢菌属、弧菌属、乳酸杆菌属、嗜盐球菌属、嗜盐杆菌属等，它们在自然界分布广泛，极易导致动物源性食品变质。另一类是致病菌，主要有沙门氏菌、金黄色葡萄球菌、致病性大肠杆菌、布鲁氏菌、分支杆菌、单核细胞增生性李氏杆菌、弯曲菌、耶尔森氏菌、产气荚膜梭菌、肉毒梭菌等，这类致病菌可通过食品引起人类传染病或食物中毒。炭疽、结核病、布鲁氏苗病、钩端螺旋体病、巴氏杆菌病以

及致病性大肠杆菌等细菌性传染病都可通过动物源性食品传播给人。

2. 真菌性危害

真菌性危害主要包括霉菌及其毒素，诸如青霉属、曲霉属、毛霉属等。通常致病性霉菌产生的毒素致病性极强，并具有致畸、致癌性。该类真菌非常容易污染动物源性食品并致使其产生霉变，导致人类发生严重的食物中毒。

3. 病毒性危害

病毒性危害主要有狂犬病病毒、禽流感病毒、马立克氏病病毒、鸡新城疫病毒以及猪瘟病毒等。这些病毒在适合的条件下能够长期存在，人类误食后会引发疾病。此外，引发“疯牛病”的病原朊粒（朊病毒、朊蛋白）已被证实可导致人的传染性海绵状脑病，严重危及人类健康，成为世界各国高度重视的动物源性食品安全危害。

4. 寄生虫性危害

寄生虫性危害主要有猪囊尾蚴、牛囊尾蚴、旋毛虫、弓形虫、肉孢子虫等。这些寄生虫会通过各种途径进入人体从而导致人类患上绦虫病、弓形虫病、旋毛虫病等多种疾病。

二、食用农产品投入品的化学性污染

化学性污染是指在食用农产品投入品中不规范地使用各种化学合成物质，对食用农产品质量安全产生危害。化学性污染物质主要包括汞、砷、铅、铬、镉等重金属和非金属，还包括诸如树脂、染料、有机氯化合物、有机氯聚合物、酚类以及二噁英、N-硝基化合物、多环芳烃类化合物等有机化合物。目前，食用农产品质量安全的主要问题是化学性污染。人类摄食重金属等有毒有害物质超标的食用农产品后，常会出现慢性蓄积性中毒，严重时可致畸、致突变和致癌。农药、化肥、兽药、饲料添加剂等造成的残留是化学污染的主要途径，另外，滥用食品加工工具、食品容器、食品添加剂、植物生长促进剂等也是引起食品化学性污染的重要因素。

1. 农药污染对食用农产品安全的影响

农药是食用农产品最严重的污染源。20 世纪 60—70 年代使用的有机氮、有机汞、有机砷，20 世纪 80 年代以来使用的有机磷等化学农药都是高毒、高残留农药，一旦施用不当，极易造成人畜中毒，且长期大量使用，不仅严重污染农产品，损害人体健康，而且还大量杀伤天敌，破坏生态平衡，引起生态恶性循环。如使用的喷雾农药，大部分落入土壤或飞散到大气中，最后流入江河，进入人的食物链。

农药的使用虽然保证了农作物的稳定高产，但不规范、不合理地使用农药，也对环境造成了污染，危害着人类的健康。例如有的用户并非是在安全操作和严格规范下使用高毒、高效农药，而是对农药进行不合理配制，或盲目混用多种农药，这样反复不合理使用农药，会使病虫害抗药性增强，蔬菜、水果等食用农产品的农药污染加重，导致食用农产品中农药的残留超标，同时也可能导致生物的多样性遭到破坏，影响土壤结构，使土壤变得不宜种植。

动物源性食用农产品中的农药残留主要来自于饲料和对动物体及厩舍使用农药以及从污染的环境中吸收。进入动物体内的农药除残留于组织外，还可以通过生理机能转移到蛋、奶中去。植物源性食用农产品中的药物残留主要来自于生产过程中喷洒的除草剂、杀虫剂。生长激素等残留物质的积累对人体健康形成危害。目前，农药种类繁多，包括杀虫剂、除草剂、生产调节剂等，其中部分农药毒性极强，在自然环境中长时间不能降解，严重污染环境。由于受经济利益驱使，为了达到一定的预期收益，部分使用者在生产过程中只注重产品的数量，而忽视质量，乱用、滥用农药，导致食用农产品农药残留严重超标，危害人类健康。

2. 肥料污染对食用农产品安全的影响

化肥是当今农业增产丰收的重要保证。据国外测算，每吨化肥一般增产粮食2～3吨。现代农业产量中，至少有1/4是靠化肥获得的，而农业发达国家甚至可高达50%～60%。然而，化肥在为人类粮食等食用农产品需求作出重大贡献的同时，也存在过量使用和使用方法不当的问题，给食用农产品安全带来了很大的威胁。据世界粮农组织统计，技术先进国家氮素化肥利用率为68%，而我国现阶段仅为30%，不及发达国家的一半，每年农用化肥的60%～70%进入生态环境，不但造成了巨大的经济损失，而且使得许多地表水和地下水硝酸盐含量过高。

肥料污染以化学肥料最为突出，化肥流失对水体总氮量增加的贡献率达1/3，对水体环境质量的负面影响不可低估。在蔬菜、玉米等作物上过量使用化学氮肥或施用不当，均会使植株体内转化的硝态氮、亚硝态氮含量超标，进入人体后转化为亚硝酸盐，从而诱发消化系统癌症、精神分裂症、软骨病等疑难怪病；使用的有机磷类农药能够引发神经功能紊乱，使患者出现一系列的神经毒性表现。而未腐熟的人畜粪尿中含有大量寄生虫卵、有害病毒、病菌等污染物，可能会通过多种途径感染人群。

滥施化肥，会使土壤肥力下降，导致土壤严重板结。过多的使用化学氮肥，其氮素极易浸透到石灰岩水层深处，污染水体；过多的使用磷肥和钾肥，其金属离子渗入水体，会使无机盐浓度增高，人若饮用这些水，会使消化器官受到直接侵害。过量施用的化肥，还易挥发成气体，污染空气，从而侵害人和动物的呼吸道组织，引起病变，也会使蔬菜和水果等食用农产品维生素C的含量大大降低。

3. 饲料污染对食用农产品安全的影响

饲料污染对动物源性食用农产品安全会产生极大的影响。饲料污染主要有两方面因素：一是不合理使用化肥和农药造成的饲料污染。近年来，由于过量和不合理的使用化肥和农药已成为食用农产品生态环境中的主要污染物质。残存于生态环境中的化肥、农药在作物中积累，会直接对饲料造成污染。二是饲料的变质、霉变造成的饲料污染。加工和储存不当或在生产饲料的过程中使用了霉变的原料都会导致饲料发生霉变。霉变饲料中的霉菌毒素是最主要的有害因子，其中危害最大的是黄曲霉和寄生曲霉产生的黄曲霉毒素，该毒素被公认是极其危险的致癌物质。在动物饲养过程中，如果动物采食了被化肥、农药污染或霉变的饲料，不仅会影响动物的生理机能，引发动物疾病，而且污染物也会在动物体内滞留或蓄积，最终以残留方式进入动物源性食品中，从而形成严重的食品安全危害。

4. 兽药污染对食用农产品安全的影响

兽药（包括药物添加剂）在畜牧业中的应用非常广泛，在降低动物发病率和死亡率、促进生长、提高饲料利用率和动物生产性能、改善产品品质方面的作用十分明显，已成为现代畜牧业不可或缺的物质基础。但是，兽药的使用无疑会导致动物体内药物的滞留或蓄积，并可进入乳、蛋等产品中，从而构成对动物源性食品安全的危害。

兽药残留是指兽药以原形、代谢物以及与兽药有关的杂质在动物组织、细胞中的蓄积和残存。兽药是预防、诊断和治疗动物疾病，并可调解动物生理机能的重要物质，在畜牧生产中不可缺少。随着畜牧养殖业的迅速发展，兽药和药物添加剂的使用范围不断扩大，用量不断增加，在提高了动物产品产量的同时，动物源性食品中兽药残留问题也随之产生。抗生素、磺胺类、呋喃类、激素、促生长调节剂等药物的不当使用，都会产生残留。动物源性食品中兽药残留对人体健康的危害是多方面的，如变态反应、过敏反应、细菌耐药性、激素样作用以及致畸、致突变和致癌作用等。

饲料中添加的抗生素、驱虫药等含量越多，向动物源性食品中的转移量也就越多，对人体健康的危害性就越大。因此兽药在使用过程中，其投入量、投入方式、休药期等必须经过严格控制，否则很容易在动物体内形成药物残留，即使经过加工处理也难以清除。

导致兽药污染的因素主要有：不规范、不正确地使用兽药，如用药品种、剂量、给药途径、用药部位和用药动物的种类等不符合用药规范；不严格遵守休药期规定，在休药期结束前屠宰动物；屠宰前用药掩饰临床症状，以逃避宰前检查；使用未批准的药物；使用禁止使用的药物；饲料、饮水被药物污染等。

5. **饲料添加剂对食用农产品安全的影响**

饲料添加剂主要包括防腐剂、防尘剂、抗菌剂、抗氧化剂、抗原虫药、抗生素、激素、维生素、氨基酸等。这些物质的长期使用或使用不当，会危及畜禽健康，进而影响食用农产品安全。例如当前广泛使用的抗生素饲料添加剂，如果不控制用量，或在畜禽屠宰前，或其产品（蛋、乳）上市前未能按规定停止用药，可使抗生素在畜禽产品中残留，通过食物链进入人体，从而使人体产生一定的毒性反应和过敏反应。此外，长期食用某种抗生素，可使细菌对该种抗生素产生适应而形成耐药菌株，使这类抗生素的疗效大大降低或完全失效，给人类某些疾病的预防及治疗带来困难。

三、食用农产品投入品的物理性污染

食用农产品的物理性污染主要是指农膜的滥用，投入品中杂质（如玻璃、金属等）超过规定的含量及吸附、吸收外来的放射性核素所引起的食用农产品质量安全问题。

各种塑料薄膜在农业生产上应用广泛，一是可以增温、增湿、节水；二是可以防治病虫害的入侵；三是可以反季节种植，从而对蔬菜、瓜果等食用农产品作物的高产、高效、优质、增收起到很好的促进作用。但由于塑料为高分子有机物，性质十分稳定，且耐酸耐碱，不易被微生物分解，故被废弃的农用塑料薄膜残片进入农田后，会使土壤物理性质变劣，不利于作物的生长发育。

塑料薄膜残片中含有害成分，接触种子或幼苗后，会抑制种子萌发，灼伤种芽和幼苗。据研究，塑料薄膜对植物产生毒害作用的主要原因是聚氯乙烯在制造过程中必须加入增塑剂，而工业上通常使用邻苯二甲酸酯类为增塑剂，邻苯二甲酸酯类对植物有毒，特别对蔬菜有较大危害。邻苯二甲酸类及其他化合物也能从各种途径进入环境，污染食用农产品，且该类物质富集作用明显，能通过食物链直接影响人畜健康。

放射性物质的污染主要是通过水及土壤污染农作物、水产品、饲料等，经过生物圈进入食品，并且可通过食物链转移。天然放射性物质在自然界中分布很广，它存在于矿石、土壤、天然水、大气及动植物的所有组织中，特别是鱼类贝类等水产品对某些放射性核素有很强的富集作用，可使食用农产品中放射性核素的含量显著超过周围环境。

四、食用农产品投入品的“基因”污染

食用农产品投入品种类繁多，成分复杂，对食用农产品的安全有非常重要的影响。譬如种子、种苗，若其中含有转移能力较强的“外源基因”，产生的影响可能是用常规方法无法估算的。“基因”污染因其对环境和对食用农产品安全影响的不可预测性而成为公众关注的焦点。

转基因产品又称为转基因改制产品，是指运用基因技术，克服传统嫁接及杂交技术的不确定性，通过定向进化方式培养而成的产品。即将一种或几种植物、动物乃至人类的基因植入某一种产品，使基因组合，赋予其抗病虫害、抗杂草或生产特定蛋白因子等品质。转基因技术可根据人们的需要，赋予产品新的特性。例如转基因玉米可以有效抵御螟虫，转基因土豆可以抗土豆科洛拉茨基虫病，转基因动物可生产药用蛋白等。

虽然转基因产品表现出相当优良的生物特性及商业价值，但是从转基因产品诞生之日起，有关转基因产品的争论就从来没有停止过。特别是随着转基因产品的种植、养殖范围的不断扩大，国际贸易量的不断增加，以及近几年发生在欧洲的食物灾难，使得人们对于转基因产品更加敏感，争论和分歧也日渐扩大。主要关注焦点如下：

(1) 转基因产品对生态环境的潜在影响　抗病毒的转基因产品在杀灭目标害虫和病毒的同时，也会威胁环境中其他生物的生存。同时，这一危害还可以通过生物链的方式，对其他生物构成影响。

(2) 对人类及动物的健康造成的威胁　转基因产品作为人类及动物的食品，有可能通过降低人类及动物的免疫力，对人类及动物的健康及生存构成威胁。1998年8月，英国普姿泰教授通过实验表明，喂食转基因土豆的实验鼠器官生长异常，体重和器官质量减轻，免疫系统遭到破坏。这一实验结果直接导致了英国关于转基因产品安全性的争论。

(3) 转基因产品的争端与分歧　转基因产品之所以会产生如此大的争端与分歧，还有一个很重要的原因就是有关转基因的各种争论目前还很难用明确、有效的实验手段加以证明。现存的种种实验及其结果，在实验方法和实验技术上还不能被广泛认同，由此导致各种争论无法达成共识。鉴于转基因问题的复杂性，韩国、瑞士等国家已经要求对转基因产品加贴标签。欧盟也对牛肉及肉产品加贴标签，并在2002年强制实施。如果进口的鲜肉和鲜蛋使用了国内不允许的生产方法，瑞士则要求对进口的鲜肉和鲜蛋加贴标签。欧盟国家运用《新食品法》，通

过为消费者提供知情权方式，将是否接受转基因食品的选择权和决定权交给消费者。

投入品是食用农产品的安全问题的重要影响因素，因此，加强投入品的监管是保证食用农产品安全的基础，也是实现社会和谐的重要保障。

第三节　食用农产品投入品安全监管体系的构建

食用农产品的安全监管起步较晚，虽然近年来发展迅速，但囿于各方面发展水平落后，仍未达到预期目标，在法律法规体系、技术支撑体系、社会监督体系等各方面还需进一步加强和完善。

一、我国食用农产品投入品监管现状

针对食用农产品投入品中存在的突出问题，近几年以来，我国政府有针对性地制定了一系列政策法规，如实行行政许可为主的市场准入和备案制度、签订责任书和依法生产经营的承诺书，有计划、有部署地开展普法培训和宣传等活动，对食用农产品投入品的生产经营、使用的混乱局面进行了整治，使我国食用农产品投入品的安全状况有了明显的改善，食用农产品的质量安全有了一定的保障。但按照无公害农产品生产和绿色食品行动计划及入世后国际市场的要求，食用农产品投入品的安全管理使用水平还有待提高。

1. 监管部门多，整合效率低

投入品是当前食用农产品污染的最重要因素，也是食用农产品质量安全控制的难点。我国农药产量居世界第二位，且高毒品种占 70%，高毒有机磷农药的使用是导致农产品农药残留超标的主要原因。我国肥料用量居世界首位，氮、磷、钾比例失调，氮肥施用量过大，有机肥与无机肥比例失调，导致氮污染严重。食用农产品投入品结构不合理，使用不科学导致了农业面源污染严重。而我国对食用农产品的质量管理往往重产后，轻产前和产中，虽然近年来实施了食用农产品投入品综合整治或专项整治活动，但缺乏长久性和持续性，且由于食用农产品投入品的生产、经营、使用、管理涉及经贸、质检、工商、农业等多个部门，开展综合整治组织工作难度大，部门间相互协调困难，联合作战力不从心，导致整治效果不明显。并且专项整治具有阶段性、运动性的特点，不利于投入品监管的长期治理，因此，急需建立食用农产品投入品的长效监管机制。

2. 从业人员安全意识不强

投入品使用的主体是千千万万农户，因此投入品使用者的自身素质和利益严重制约着投入品的安全管理和使用。囿于目前科学普及水平低，广大经营者和使用者对投入品安全管理和使用的认识不足，为提高产量，乱用、滥用投入品的情况屡见不鲜。广大农户对食用农产品投入品的采购、经营和使用凭经验，片面考虑价格因素和自身利益，带有很大的主观性和随意性，而监测监督水平发展的滞后致使他们在食用农产品投入品的安全问题上很难实行自我管理和自我约束。譬如在肥料使用上，特别是氮素化肥使用量过多。据对部分农户调查资料显示，平均每亩使用氮达到 89 千克，最高达到 115 千克。在蔬菜生产中后期使用氮肥占总用氮肥量的 53%，氮肥的过度集中使蔬菜中亚硝酸盐含量增高，影响食用农产品质量安全。在总用肥中有机肥几乎空白，其用量占总氮肥量还不到 1%。化肥的大量使用又污染了河流，使水质富营养化，还会导致土壤理化性状恶化、板结、肥力下降。因此，进一步提高投入品安全管理使用的监管水平，确保监管无缺位、无错位是提高食用农产品安全水平的重要保证。

3. 技术支撑体系不健全

投入品种类繁多，更新换代快，不同地区的产品质量良莠不齐。一些不法经营者为了获取非法利益，生产经营假冒伪劣投入品，因此加强对投入品的监管非常必要。但在实际管理中缺乏必要的检测仪器、设备和手段，也没有相关的检测监督机制，生产者凭自己的经验和直觉采购使用投入品，有的到正规的农资商店购买，有的从路边无证小摊贩或流动的小商贩手中购买，只看表面，不了解内在质量。在影响食用农产品质量关键时期，缺乏监督，凭经验随意乱用、乱施农药、化肥，生猪饲养后期继续使用兽药和激素的情况普遍存在，使得食用农产品的质量难以保证。

4. 社会监管体制不完善

投入品流通的一个很显著特点就是分散经营。一是农村存在许多既无经营资格又无经营执照，没有固定的经营地点，靠三轮车、电瓶车等交通工具在集镇、乡村、田头销售的小商小贩，为了经济利益，他们置政府的法令于不顾，从事经销“二高”（高毒、高残留）农药。这些小商小贩的灵活性、隐蔽性很大，很难实施有效监管。随着“二高”农药的禁销，甲胺磷等高毒、高残留农药因实际需求在农村变得非常抢手，而高价格、高利润更诱发和助长了非法经营。二是有许多流通单位经营条件差，有些单位既无仓库，又无经营场所，使大量投入品未能安全保管，影响了投入品的质量。三是随着科学技术的发展及农村产业结构调整的需要，投入品的新品种、新剂型研发上市较快；出于利益的考虑，一些伪劣产品、假冒商品随之进入流通领域，坑害用户，给食用农产品安全造成隐患。

三、建立完善的食用农产品投入品安全监管体系

食用农产品投入品的安全管理涉及生产、经营、使用等多领域多环节，是一项系统工程和涉及千家万户的社会工程，也是保障广大消费者身体健康的民心工程，关系到农业发展和农民增收以及我国农产品在国际市场中的竞争能力。因此，食用农产品投入品的安全问题事关我国社会主义建设全局。

对食用农产品投入品的监管，应实行生产、配送、销售、使用全过程的全封闭、无缝式管理。要建立和完善食用农产品投入品质量追溯和责任追究制度，建立健全监测预警、应急处置机制，最终目标是要建立起覆盖全社会的食用农产品投入品质量安全监管网络。

1. 完善食用农产品投入品市场准入机制

所谓市场准入，一般是指货物、劳务与资本进入市场的程度的许可。对于产品的市场准入，一般的理解是，市场的主体（产品的生产者与销售者）和客体（产品）进入市场的程度的许可。那么，投入品市场准入制度就是：为保证投入品的质量安全，具备规定条件的生产者才允许进行生产经营活动，具备规定条件的投入品才允许生产销售的监管制度。因此实行投入品市场准入制度是一种政府行为，是一项行政许可制度。

健全食用农产品投入品的市场准入制度，严格食用农产品投入品的生产、经营许可和登记。食用农产品投入品的生产者、销售者应当对其生产、销售的产品质量负责。农药、兽药、饲料和饲料添加剂、肥料等可能危害人畜安全的投入品的生产经营，依照相关法律、法规的规定实行登记或许可制度。通过市场准入管理，引导食用农产品投入品的结构调整与优化，淘汰高残毒品种，发展高效低残毒品种。

(1) 加强新产品开发管理　鼓励和支持研制食用农产品投入品新品种，加快食用农产品投入品的更新换代进程。新产品的开发应当按照相关规定要求进行，严把产品开发关。新产品的上市应具备充分的理论依据和丰富的实验数据，以确保新产品的安全性、有效性和适用性。研究开发单位要严格按照有关规定和要求进行产品的鉴定、审评。只有通过实验验证和鉴定评价合格的产品，方可按照有关规定进行登记、审定和生产许可报批，进入生产领域。严禁以“中试产品”“高新技术产品”等名义，非法生产、销售和使用未经鉴定评价合格的食用农产品投入品。

(2) 规范审批程序　各级主管部门应按照有关食用农产品投入品法律法规和

规章制度的规定，做好食用农产品投入品的登记管理、生产（进口）审批、品种审定和技术标准备案等行政许可管理工作，要严格登记审批程序，严禁未经登记审批的食用农产品投入品进入市场。与此同时，还要加强对有效期内食用农产品投入品的抽查、检验工作，对不合格的投入品坚决退市。

(3) 推行质量管理体系考核制度　相关主管部门应积极引导食用农产品投入品的生产企业建立规范的质量管理和质量保证体系，积极推行 ISO 9000、ISO 14000、GMP 等先进的质量管理方法，与国际接轨，建立能切实保证产品安全的质量管理体系。凡国家法律法规和规章对从事食用农产品投入品生产有明确生产技术条件要求的，各级主管部门应当加强管理，严格生产技术条件考核，对工艺设备落后、技术力量薄弱、产品质量低劣的生产企业的产品不予登记审批，并提请有关部门依法取消其有关营业证照，责令其停止生产，逐步淘汰落后企业，提高行业准入门槛。把握住投入品生产企业的资格审查，也就把握住了投入品安全管理、生产与使用的源头。

2. 依托农业标准化，加快投入品标准体系建设

通过农业标准化管理，依据食用农产品质量安全技术标准，制定投入品生产、储运、使用等技术规程，以实现投入品的标准化管理。

(1) 要坚持“有标贯标、无标建标、缺标补标”的原则　将农产品质量监控关口前移，实施良好的农业操作规范，把用肥、用药、水质和种植区的环境要求全部纳入新的质量控制体系，制定一整套从种养到收获的全过程标准操作规程。标准化是食用农产品质量安全的框架，要使农业提升产业档次，迎接挑战，在激烈的市场竞争中占有一席之地，必须实行农业标准化、基地化、品牌化、产业化生产，实施无公害农产品生产和“绿色农产品行动计划”，才能提高食用农产品的质量。目前关键的问题是通过标准化，加快制定食用农产品投入品质量安全技术标准，完善投入品使用技术规程，实现标准化生产和使用投入品，坚决禁止使用国家规定的违禁和淘汰投入品，真正把握住生产过程中食用农产品投入品使用这一重要环节。

(2) 抓好标准化示范基地建设　通过基地示范作用引导食用农产品投入品标准化建设进程。按照“基地规范化，形式多样化，生产标准化”的要求，抓好现有示范基地建设。对现有基地要统一标识、统一规范，进一步完善标准化示范区运作模式，示范引导周边基地建设，多形式发展和扩大种植基地规模。采用“公司＋基地＋标准化”“合作社＋基地＋标准化”等模式，建设龙头企业自属基地、公司制基地、农民专业合作社基地、企业合同基地，加强基地的品牌管理，统一制定基地管理制度，建立田间管理档案，严格按照标准化要求组织生产，培育出口食用农产品品牌。

(3) 建立和推广实施食用农产品标准化体系　在建立健全标准的基础上，从不同层面建立推广实施食用农产品标准化体系。一是政府推动，加强对投入品生产、销售活动中的各种检验和监督管理，搞好投入品质量的监测；二是充分发挥各行业协会的作用，全力推广标准化技术；三是充分发挥较大规模企业单位的示范带头作用。

3. 建立投入品的安全生产、经营和使用的信用制度

通过建立投入品的安全生产、经营和使用信用制度，既可提高这些经营者的社会信誉和商业信誉，又可逐步清除非法生产、经营和使用食用农产品投入品，扰乱市场秩序的害群之马，鼓励合法生产、经营的正规的生产经营主体，有利于企业，有利于社会，从而推动食用农产品投入品安全措施的全面落实，达到相互促进，相得益彰的效果。

(1) 明确食用农产品投入品生产经营主体　要加强行政许可监督检查，组织力量对食用农产品投入品生产经营主体进行筛查。对已经发放的生产经营许可证、产品登记证等进行核查，对不符合法定条件的或国家已明令禁止生产的产品证号，要依法处置；对无证生产经营的单位和个人，要依法严厉查处。要督促食用农产品投入品生产经营主体建立产品质量和经销档案，实现可追溯管理。

(2) 完善食用农产品投入品市场运行机制　加强对重点产品、重点单位和重点区域的市场监管，确保投入品市场的合法有序。

重点产品是指农药、兽药、饲料和饲料添加剂。对农药的监管重点是检查甲胺磷等数种高毒农药违法生产、经营和使用问题，在农药产品中擅自添加国家禁用和限用及未经登记成分问题及非法生产高毒农药的“黑窝点”问题。对兽药的监管重点是对兽药的经营、使用环节进行监察，坚决收缴、销毁假劣兽药、禁用兽药及过期失效产品，严厉打击制售假劣疫苗行为，坚决捣毁制售假疫苗窝点。对饲料的监管重点是加强对饲料和养殖环节违禁药物和非法添加物的监管，严厉打击非法生产、销售、使用“蛋白精”“瘦肉精”、莱克多巴胺、硝基呋喃以及非法添加苏丹红、孔雀石绿等化学物质的违法行为，从源头防止违禁物流入饲料和使用环节。重点单位是指近年来群众举报投诉多、违法生产经营食用农产品投入品情节严重以及造成重大农业生产责任事故的食用农产品投入品的生产经营企业。重点区域是指农村和城乡结合部。执法检查要建立规范的档案记录，做到有查必有录。

(3) 加大案件查处和惩治力度　加大食用农产品投入品违法案件查处力度，对市场检查、投诉举报、媒体披露等各种途径发现的案件，要认真进行核查。对

重大案件，要按照农业部《农业生产资料监督管理工作暂行规定》的要求，及时报告上级主管部门和当地政府。涉嫌犯罪的案件，要认真做好移送工作，禁止以罚代刑。要充分用好《国务院关于加强食品等产品安全监督管理的特别规定》，赋予相关执法部门查封、扣押等必要权力，严厉查处各类非法使用食用农产品投入品行为。

（4）定期、大范围开展食用农产品投入品质量抽查检验　加大对食用农产品投入品流通和使用环节的质量监测，重点抽检群众反映较多、问题突出的区域和企业。对质量不合格、源头不明确的食用农产品投入品，要及时报请上级农业部门检查，必要时商请公安机关，彻查源头。要在农产品出口基地、无公害农产品基地和大中型生产企业开展禁用投入品监督抽查。

4. 推进投入品质量安全可追溯制度建设

按照从生产到销售的每一个环节可相互追查的原则，建立食用农产品投入品生产、经营记录制度，在全国范围内推行食用农产品投入品的目标管理，实现食用农产品投入品质量安全的可追溯性。建立投入品质量安全承诺制度，通过合同形式，对购销的投入品质量安全作出约定。生产者应向经营者、经营者要向消费者就其生产、销售的投入品质量安全作出承诺。积极探索不合格投入品的召回、理赔和退出市场流通的机制。

对已有的农业、质监、畜牧、企业等投入品检测资源进行科学整合，构建资源共享、布局合理、分区控制、质量溯源的检测控制体系。鼓励支持政府业务部门和有一定规模的加工企业共同建立健全质量检测机构，支持部分出口量大、带动能力强的大型龙头企业自办高水平的检测机构，引导中小型农产品出口企业采用股份制的方式联合建设检测机构。不断加强硬件建设，形成覆盖食用农产品投入品的质量检测网络，为投入品质量安全监管工作提供有力的保障。产销过程中要积极推行经营进货查验、进货记录、销售记录、信息反馈等质量管理制度。鼓励发展食用农产品投入品连锁经营和物资配送，积极支持投入品专业市场的建设。推行服务承诺制度，加快完善食用农产品投入品的“三包”制度。销售者应当对销售的投入品质量安全负责并作出承诺。

2009 年 1 月，国家农业部表示，我国将建立农药投入品登记审定、生产流通、安全使用的全程监测机制，对不合格的投入品实行召回制度。随着食用农产品质量安全保障体系日益完善，监管能力逐步增强，食用农产品标准化水平显著提高，法律法规不断完善，以确保食用农产品质量安全为目标的服务、管理、监督、处罚、应急五位一体的工作机制将逐步形成。

5. 加大科研投入，加快替代品的研发速度

研制新型替代生产资料，减少投入品对食用农产品的污染，用环保新型农用生产资料替代高污染、高残留投入品。目前我国农业生产中，造成产品污染严重的常规肥料、农药、兽药和饲料添加剂等占市场份额的绝大部分，用于生产绿色、无公害食用农产品的投入品很少。因此，加速研制新型替代安全投入品势在必行。相关科研机构和企业应尽快研制高效、低毒、低残留安全型农药和生物源农药，降低农药使用量；研制环境友好型缓释控释肥、有机—无机复合肥和生物肥料，努力提高肥料利用率，降低损失；研制新型饲料添加剂，替代传统对人、畜有很大潜在危害的饲料添加剂；研制安全型兽药、疫苗，替代已有传统抗生素、抗病兽药、疫苗。

加强对安全用药和科学用药的指导、监督和管理，各有关部门应加强宣传禁止使用高毒、高残留农药、兽药、饲料、饲料添加剂和加强农产品质量安全的重要性和必要性，认真做好新型农药、兽药、肥料、饲料等品种的使用技术培训工作，指导农民科学用药和安全用药，通过现场示范、广播电视、印发资料等多种形式，将种养业病虫害防治技术普及到村、组、农户，让农民真正掌握科学用药、用肥和饲养，安全用药、用肥和饲养的技术。同时，要建立农药、兽药安全使用监督制度。对获得临时登记的新型食用农产品投入品，要组织多点试验、示范，经专家评估后，再确定投入品的施用对象及使用区域。畜牧兽医、水产、蚕桑等业务技术指导站要出具详细的用药指导意见，养殖单位和养殖户要凭处方用药，并且要建立农药、兽药、饲料使用台账，载明投入品产地、品种、用法和用量及使用日期和休药期。

案例2　海南毒豇豆事件

2010年1月25号到2月5号，武汉市农业局在抽检中发现来自海南省英洲镇和崖城镇的5个豇豆样品水胺硫磷农药残留超标。同时，合肥在海南豇豆样本中查出三唑磷超标达十多倍，另一些地方查出海南节瓜与四季豆中也含有水胺硫磷。海南以外各省份的食品安全监管部门立即采取了禁止销售、下架和销毁的手段，阻止毒豇豆进入老百姓的菜篮子。

相关资料：水胺硫磷是一种高毒农药，可通过呼吸道和食道引发中毒，是农业部明令禁止在蔬菜瓜果中使用的农药。2004年，海南省立法明确要求：高毒、剧毒农药禁止在省内销售和使用。

案例分析：我国部分地区由于滥用农药，造成农药污染食用农产品，导致食

用农产品安全问题。相关食品安全监督管理部门在食用农产品投入品监督管理上有所缺失，制度尚不完善，例如检测技术的落后、追溯制度的缺乏等。“海南毒豇豆事件”就是直观反映以上问题的典型案例。

结论：海南毒豇豆之所以流向市场，是由于我国现有的食品安全监管尚有缺失和部分失灵，因此建立健全当前的工作机制是当务之急。应建立食用农产品投入品的准入制度及供应商认证制度，农户必须从定点的投入品供应渠道购买符合标准的投入品，杜绝农户从非法渠道购置禁用高毒投入品；并对食用农产品的投入品采取建档制度、追溯制度，发生问题后可以顺藤摸瓜，迅速解决问题。

案例 3 多宝鱼事件

2006 年 11 月，上海市食品药品监管局公布对上海市沪西、铜川水产品批发市场、超市和部分饭店销售的 30 件冰鲜、鲜活多宝鱼进行抽样检查发现，除重金属指标检测合格外，全部检出硝基呋喃类代谢物，且呋喃唑酮代谢物最高检出值为 1 mg/kg 左右。该局立即发布消费预警，提醒市民谨慎购买、食用药物残留超标的多宝鱼。从这次药残检测情况看，超标药物有 7 种，全部都是抗菌药，其中，有 3 种属于禁用渔药，分别是硝基呋喃类、氯霉素和孔雀石绿。

相关资料：多宝鱼学名大菱鲆，主产于大西洋东部沿岸，俗称欧洲比目鱼，在中国又称“多宝鱼”和“蝴蝶鱼”，是名贵的低温经济鱼类，上世纪 90 年代引入我国后，人工养殖发展迅速。

氯霉素、硝基呋喃类药物是人用药品，被列入《食品动物禁用的兽药及化合物清单》，孔雀石绿也是禁用兽药。

案例分析：由于多宝鱼本身抗病能力较差、养殖技术要求较高，合理使用渔药可以预防和治疗鱼病。而部分种养殖户出于利益考虑，不顾规定，滥用违禁药物导致多宝鱼体内药物残留严重超标。另一方面，多宝鱼产地的有关政府部门没有根据各自分工指导养殖户科学使用替代药品，也没有有效制止生产和流通环节违反禁令、违规用药的行为。

结论：多宝鱼事件警示我们，解决食品安全问题，必须努力形成一套系统的事前管理和防范机制。要从建立投入品标准，推行生产标准化、强化技术服务到检验检测体系建设以及严格市场准入制度、落实行政执法责任制等方面，把工作做在平时、做在前面，变被动的“事后救火”为主动的事前防范。这样，才能把好食品安全的每一道关口，真正让老百姓吃得安全、吃得放心。

第四章　食用农产品的生产

我国地域广袤，气候复杂多样，各地经济发展水平、文化理念和消费观念差别明显，导致不同地区食用农产品生产方式及产品呈现极大差异；在生产模式上，主体仍是千家万户分散式生产。食用农产品的生产特点，对安全监管提出了新的要求，也带来了新的问题和困难。

第一节　食用农产品的生产方式及特点

食用农产品生产的对象是动植物和微生物。生物的生长发育都需要一定的环境条件，不同季节自然环境条件不同，产品的种类与结构也不同，所以食用农产品生产具有明显的季节性。同时，由于生物具有明显的繁殖期和生命周期，相应地，食用农产品生产也具有明显的周期性。依据产业特点的不同，我国的食用农产品生产一般可分为种植业、畜牧业及水产业三大类。

一、种植业

种植业无论在自然条件下还是人工条件下进行，其作物的生长发育均受环境因素的影响或制约，如土（营养基质）、光、温、水、气等。这些因素不仅是作物生长的物质和能量来源，也是决定产品质量的重要条件。种植业是综合利用各种环境因素的复杂过程，其产品生产主要有以下特点：

1. 地域性强

不同地域自然条件及生物的生态适应性，决定了生物资源类型分布和地域性特点。即不同作物的生物学特性及适应性不同，产生不同的地域分布规律，表现出明显的地区差异性，从而形成了各类食用农产品的主产区。如北方地区是玉米的主产区，而南方地区是水稻，特别是籼稻的主产区，香蕉、芒果等热带水果则主要分布在高温多湿的华南地区。

作物地域分布受到许多自然因素的综合影响，如气候特点、土壤类型和水资源状况等。气候作为一种农业资源，受到日地运动的制约，有其独特的规律，在时间和空间上有着不同尺度错综复杂的变化。陆地表面形成的各种气候类型不仅决定着作物的地理分布，而且决定着一个地区食用农产品的产业结构、生产结构、产品结构及品质。

土壤是食用农产品生产的基本资源，为作物生长发育提供矿物质营养。土壤的特性对食用农产品的品质有重要的影响。水资源的丰缺、水质的优劣对食用农产品的生产也至关重要。不同的环境资源相互匹配，形成具有区域性的高效食用农产品生产环境系统。

2. 多系统因素共同作用

食用农产品生产受作物本身生理特点、自然因素和社会因素的综合影响，系统间和系统内各因素相互关联，形成复杂联动的变化关系。

生物生长发育是一个复杂的生命过程，具有既定的发育过程、诱导过程、补偿过程、自我调节过程等，而生物对环境多因子应激后的各种反应、反应后的重新调节等也是一个极其复杂的动态系统。同时，由于作物生产周期长，受自然因素和社会因素影响大，每个环节都可能受到生产者、生产方法、投入品、生产环境等因素的影响，而其中任何一个因素的变动，都可能会引起其他因素的调整变化，从而对食用农产品的安全和品质产生一定的影响。譬如，气候的变化会导致害虫种类及数量的改变，为保证食用农产品的正常生产，可能要调整农药的种类及使用量，这就有可能导致食用农产品的农药残留超标。

3. 质量差异化明显

食用农产品生产过程的每一个环节都与其最终产品的质量相关。即便是采用同样的管理方法和技术，最终产品也仍然会出现质量和品质的差异，如，各类名茶品味不同；可作为保健食品的植物的药用特性等与产地环境密切相关；水果的含糖量与结果期的温差有关；蔬菜口味与品种和肥料类型相关等。作物生产过程自身的不可控因素较多，也会造成最终产品在质量上的差异，如，不同作物个体、同一个植株上不同部位的果实存在差异。作物自身调控机制也会造成产品的差异，如，果树的“大小年”现象、挂果数量与果实大小、营养生长与生殖生长的协调与抑制等。

食用农产品生长过程的各环节变化的多样性虽然增加了生产控制的复杂性，但也体现了过程控制的灵活性，为我们在食用农产品生产过程中，围绕最终产品目标，选择标准和动态处理提供了多种选择的机会。

二、畜牧业

1. 我国畜牧业地域类型

畜牧业地域类型是指在一定的历史发展过程中和一定的生产力水平下，具有相似的畜牧业生产条件、特点、方向的牧业经营单元或地域单元的组合。同一类型的各单元具有共同的性质、作用和内在联系。它是人们在长期利用自然资源，改造自然环境，发展畜牧业生产过程中逐渐形成的，具有一定的稳定性。其类型划分主要依据生产能力、生产专业化方向、主要畜产品的商品率等内在特征，以及单位面积的牲畜头数、主要牲畜头数占牲畜总头数的比重、出栏率、牲畜和畜产品外销的百分比等一系列数量指标。我国畜牧业地域类型明显，根据地域特点和经营方式可分为农区舍饲与圈养畜牧业、高原牧区游牧畜牧业、山地牧区季节牧场轮牧畜牧业、半干旱农牧交错区定居游牧畜牧业和青藏高原畜牧业。

2. 畜牧业生产的特点

（1）技术依赖性强　畜牧业是技术综合性较强的产业，生产过程涉及苗种繁育技术、饲料配制技术、疾病防治技术、规模化生产技术等。随着科学技术的进步及人们生活水平的提高，畜牧业产业化、区域化程度越来越高，对安全型配套养殖技术提出了更高的要求。对于大规模畜禽饲养模式而言，由于单个生物体生存空间相对狭小，运动量不足，个体免疫力低下，很容易发生流行疾病，若使用药物过于频繁，又可能导致肉、蛋产品抗生素超标，因此，该产业的技术依赖性很强。

（2）对环境影响大

①对土壤的影响　畜粪中大量的氮、磷物质、重金属元素和药物残留都可直接进入土壤，造成土壤中的矿物元素和有毒化学物质超标。在重金属、有毒化合物污染的土壤中种植作物，必然影响作物的产品质量，进而会影响整条食物链的安全。即使有毒物质含量不高，但由于富集作用，也能影响植物源性农产品的安全，植物农产品作为饲料再喂养家畜，会进一步影响畜产品质量。另外，家畜粪便和牲畜尸体等污染土壤后，可成为传染病和寄生虫病的长期传染源。

②对水源的影响　畜牧业产生的污水可进入水库和江河湖泊，引起水体氨、氮量增加，溶解氧急剧下降，造成水体的富营养化。污水流入水体，会促使低等植物（如藻类）大量繁殖，威胁鱼类或其他水生生物的生存；污水中的病原微生物会危害饮用水源，人畜饮用后易发生传染病；污物渗入地下水层，会造成地下水体的污染。

③对空气的影响　畜禽粪便及其代谢活动产生的硫化氢、氨气和甲烷等有害

气体可产生异味，并直接污染空气，影响人畜健康。人长期暴露在氨气含量较高的环境中，可引起眼涩、流泪等症状，严重时可能会导致双目失明。当空气中硫化氢含量高时，会导致人出现头晕、恶心和慢性中毒症状。此外，有害气体中夹杂的灰尘中所携带的病原微生物也可传播疾病。

（3）产业聚集趋势明显　当前畜牧业发展的突出特征之一是产业聚集步伐加快。主要有以下几方面原因：一是西部广大牧区正通过轮牧、休牧、禁牧主动减少牲畜饲养量，以保护草原生态；传统牧区灾害频繁，荒漠化严重，载畜量大幅下降。我国畜产品重点产区已从传统牧区逐渐转移到农区和农牧交错区。二是大城市郊区和经济发达地区受养殖场污染和劳动力成本高等因素影响，肉、蛋、奶生产基地也正快速向外部转移。如，北京市 2001 年就规定，五环路以内的养殖场全部迁出或关闭，水源保护区、人口密集区附近、河流两侧的规模化养猪场也要全部退出；上海市也规定，到 2007 年全市畜牧生产总量要调减 40%。三是主要产区的畜牧养殖业也正打破相对均衡分布的格局，各种生产要素开始向优势区域聚集，一些有特色的优势产业区、产业带逐渐形成，如，山东的黄牛羊产业带。四是为提高畜牧业的规模效益，提高畜产品优质化、标准化、产业化生产的水平，各地区纷纷提倡规模化饲养。由于小养殖户竞争力有限，不断退出畜牧养殖业，畜牧业生产经营的主体，由千家万户向养殖大户和畜牧企业转移，这一特点在东部地区尤为明显。

三、水产业

1. 我国水产业地域类型

水产业地域类型是指在一定的生产力水平下，具有相似的水产业生产条件、特点的经营单位和地域单元的组合。水产养殖业的区域依赖性及技术要求比畜牧业的区域性更强，产业聚集态势更明显。按水域的海、陆位置和地理环境条件，可分为内陆水产业、浅海滩涂水产业和海洋水产业。

2. 水产业生产特点

（1）专业技术要求高　鉴于水生动物自身的生长特性，其生产需要实施严格的饲料质量控制、种群密度调节、环境条件检测等管理过程，对技术的要求较高，尤其是特种水产动物养殖，如，鲍鱼、海参、对虾等名贵海产品，其技术要求更高，稍有不慎，都可能导致疾病发生，影响水产品的生产。

（2）区域集中度及产业化程度高　与其他产业相比，水产养殖业区域更为集中，产业发展速度更快。一是因为水产养殖业成本高、门槛高、风险大，一般个体养殖户不愿贸然入行；二是水产品对生长环境、养殖技术、投入品等生产因素要求较严，区域化、规模化技术发展相对迅速；三是随着公众食用农产品质量安全意识的逐渐提高，个体养殖户出于产品安全考虑逐渐退出或合并，加速了水产养殖业的产业化进程。如，海参的生产，由于海参对生长环境的要求非常高，且种苗繁育过程复杂，对疾病及不良环境的抵抗力也相对较弱，所以，只有在科学、规范的养殖条件下，才可能获得理想的收益。

（3）受自然条件的制约明显　水资源的优劣决定了水产业的发展进程。目前我国水资源恶化的趋势还没有得到根本扭转，水体富营养化范围不断扩大，富营养化程度不断加剧，很容易导致湖水水华及海水赤潮，对水产业危害较大。气候条件、温度、光照等自然因素对水产业的影响也比较大，浅海区域风大、流急、水浊，可供海珍品浅海养殖的良好港湾较少，有的区域水温年度变化较大，若引进养殖冷水性品种，高温期度夏困难，因此，规模难以扩大。

第二节　我国食用农产品生产的现状

当前我国食用农产品生产问题主要集中在监管缺位、相关法律法规不完善、投入品质量良莠不齐、生产过程标准化程度低，生产技术规范不完善、产成品检验检测技术设备落后、从业人员素质有待提高、生产模式过于分散，产业化程度低等方面。

一、食用农产品生产中存在的主要问题

1. 种植业

种植业生产中的主要问题一是蔬菜、水果、茶叶中农药残留和重金属超标；二是乱用、滥用激素。种植类食用农产品在生产过程中，会不可避免地施用一些农药、化肥，以及未经充分腐熟的人和禽、畜粪便等，其中以国家禁用和限制使用的高毒、高残留农药对人类身体健康的威胁最大。部分种植户出于利益考虑，不顾国家禁令，擅自使用国家禁用农药，导致食用农产品的农药残留严重超标。有些种植户虽然选用低（中）毒、低残留的农药，但没有按照安全使用规程，乱用、滥用农药，如，一些农户随意提高每次用药量、增加使用次数、不合理的混用农药、不考虑农药的安全期，在采收前还使用农药等，导致食用农产品的农药残留超标。

对某省茶叶、菠萝罐头、蔬菜等 21 种食品的农药残留分析结果表明，有机氯农药检出率为 40%，最高值为 0.169 2 mg/kg。有关监督部门对某市监测结果

显示，市场上有51.2%的蔬菜农药残留量超标，其中生产基地、批发市场及农贸市场的蔬菜农药残留量超标率分别为22.2%、56.3%和65.6%，有些蔬菜甚至检出了国家禁止使用的剧毒、致畸、致癌性的农药。

2. 畜牧业

畜牧业主要存在饲养过程中药物滥用和畜禽产品药物残留超标及动物疫病等问题。为确保产量和质量，禽、畜动物在养殖过程中会使用兽药，有些养殖户由于选药不当或滥用兽药，造成食用农产品中有毒有害物质残留超标；有些养殖户为了缩短养殖对象的生长周期和降低生产成本，使用一些含有生长激素类药物的饲料，导致食用农产品中生长激素的含量严重超标。

添加剂的不规范使用，造成畜禽中毒、病变，导致环境污染和恶化，严重影响畜产品的食用安全。如养殖户为使生猪皮肤发红、粪便变黑，饲料中铜元素的添加量已经达到或超过猪的最小中毒剂量。大剂量使用铜不但直接影响动物健康和畜产品的食用安全，而且导致环境污染，破坏土壤微细结构，影响作物的产量和质量。除铜元素外，锌、铁等元素也存在超量添加问题。近年来，不少企业使用氧化锌来预防仔猪腹泻。锌、铁的过度使用同样会导致类似高铜的环境污染和食后中毒的后果。某市抽查结果显示，肉品市场的200例食用猪肝样品中68%的猪肝存在着各种各样的病变，病变种类多达25种，不仅有肝细胞的萎缩和各种变形、水肿、囊肿、出血、坏死和钙化等，还发现恶性肿瘤；23%的猪肉和猪肝中检出有“瘦肉精”；18%的禽肉中检出有激素；10%～20%的奶粉中检出硝酸盐类物质。

3. 水产业

水产业主要存在生产过程中药物滥用和水产品中有毒有害物质超标及贝类产品污染等问题。水产品质量安全主要取决于投入品和水环境。我国水产养殖投入品的使用管理起步较晚，存在种苗原种不纯、良种不良，苗种生产不按标准甚至根本没有标准，致使苗种质量无保证，引种育种、开发推广无序等问题，导致养殖过程中的疫病频发，产品品质下降。乱用、滥用渔药，饲料品质良莠不齐，在生产过程中随意使用添加剂等，造成水产品品质下降，养殖水体污染，如重金属、石油类、挥发性酚和药物残留等指标超标，导致海洋赤潮频发，进而严重影响到水产养殖的安全及其产品的质量。

根据农业部195号公告，一些药物如氯霉素、呋喃唑硐、甘汞、锥虫砷胺、五氯酚钠、孔雀石绿、杀虫脒、双甲脒、林丹、毒杀芬、甲基睾丸酮、乙烯雌酚、酒石酸锑钾、喹乙醇、虫硫磷、敌敌畏、六六六等已被明令禁止使用，但是在利益的诱惑下，仍有部分养殖户使用违禁药物，导致水产品药物残留超标。消费者食用含有药物残留的水产品后极易引起中毒反应。如链霉素等氨基甙类抗生素可损伤听觉神经及肾功能；四环素类抗生素抑制幼儿牙齿发育和骨骼的生长；氯霉素能引起再生障碍性贫血和颗粒性细胞缺乏症；磺胺类药物能引起人类的皮炎、白细胞减少、溶血性贫血等疾病；激素类的药物在人体内蓄积到一定量后，会使人的生理功能紊乱，更为严重的是某些激素类药物会影响儿童的正常生长发育。

另外，生物性污染也是影响水产品安全的一个重要因素，某市抽查结果显示，贝类产品副溶血性弧菌超标率为25%，粪大肠菌群超标率为38.9%，只有55.6%的贝类产品各项微生物指标全部达到要求。副溶血性弧菌是一种致病菌，进入人体后会在消化道内迅速繁殖生长，产生大量的肠毒素，同时将蛋白质分解为组氨酸，生成有害的组织氨。患者会出现剧烈腹痛、腹泻、呕吐和发热，大多数会中度脱水，如果抢救不及时，会因严重脱水而危及生命。副溶血性弧菌的主要污染对象是贝类产品。粪大肠菌群是人畜粪便中的细菌，感染粪大肠菌群会引起肠胃不适，可能导致感染性腹泻、急性肠胃炎、痢疾等疾病。

二、食用农产品生产中存在问题的深层次原因

食用农产品安全与公众健康息息相关，由于食用农产品生产方式多样，生产过程复杂，各环节的质量控制难度大，容易出现质量安全问题，因此，更应该引起各方面的高度重视。综合分析，上述安全问题的产生有其深刻的文化、经济和社会背景。

1. 从业人员素质偏低

食用农产品的生产涉及千家万户，目前我国大部分种养殖户文化素质不高，专业技术素质差，对产品危害因素的产生、认识程度不够。一些种养殖户受经济利益的驱使，为了增加产量或其他目的，滥用化肥、农药和兽药，甚至使用激素、禁用兽药以及禁用添加剂等，有害物质残存在食品中或含量超标，会对公众健康产生极大的影响。最为典型的例子是一些农户种“两垅菜”、养“两圈猪”，对供应市场与自己食用的农产品采取两种标准。另外，由于广大种养殖户文化程度不高，接受新知识、新技术的意识差、能力弱，施肥、用药、喂料等生产管理习惯于传统的做法，质量安全控制技术的应用缓慢。

2. 标准体系建设不完善

食用农产品生产过程相关标准体系不完善。主要体现在：

（1）缺乏生产过程相关标准　标准的缺乏使得组织食用农产品标准化生产以及实施监管缺乏技术性依据。

（2）标准的层次性差　国家标准、行业标准、地方标准的衔接性不够，缺乏层次上的统筹考虑，在与国际标准对接准备方面考虑不够全面、不够长远。

（3）标准的针对性及可操作性差　“大一统”的国家标准或行业标准针对性不强，对许多问题没有细致具体的标准。有的标准制定过程匆忙，行政部门为了赶进度、完成业绩，科研人员为了增加学术成果，没有经过认真全面的调研和论证或听证。这些都造成一些标准的制定和发布只能停留在文字层面，可操作性不强。

（4）技术水平落后　随着国际贸易的不断增加，我国的标准总体还停留在十几年前的水平，与国际水平对接性差，很容易遭遇国外的贸易壁垒。

标准是标准化生产的依据，但我国制定和实施标准还处于自发和分散状态，针对性不强，导致标准的重点不突出，缺少配套性和完整性。由于缺乏实践经验总结和科技储备，一些标准的制定周期过长或修订不及时，跟不上生产变化的需要。另外，标准及标准工作的水平低，也严重影响了食用农产品生产水平的提高。

3. 监管体系不完备

我国对食用农产品的生产监管以农业行政主管部门为主，受监管力量和客观制约，目前食用农产品质量安全监管主要集中在产品市场准入环节和部分投入品的管理方面，而对具体生产过程的监管还缺乏切实可行的措施。同时，由于生产过程的复杂性及相关法律、法规的缺失，有些出现的问题也难以处理，使监管者面临无法可依的尴尬境地。譬如，水产养殖户滥用饲料，很可能对附近水域造成污染，加速水体富营养化进程，破坏自然环境，因为没有相应的技术规范和检测指标，对这类问题只能以说服教育为主。

第三节　食用农产品生产监管体系建设

食用农产品安全生产就是在食用农产品生产过程中，实施严格的投入品质量控制、规范生产过程行为、进行科学营养系统调控及全程环境条件检测和产品质量监控，以改善、控制食用农产品生产中可能发生的安全问题，使食用农产品生产既能产出安全、营养的产品，又不会对生态环境产生污染或破坏。

一、法律法规体系建设

1. 健全相关法律法规和规章

为保证食用农产品安全，我国在制定《农业法》《种子法》《渔业法》《动物防疫法》《种畜禽管理条例》《农药管理条例》《兽药管理条例》《饲料和饲料添加剂管理条例》等一系列法律法规的基础上，加大了对食用农产品生产过程相关法律、法规的建设力度。农业部从 2000 年开始在全国建立了农产品质量安全定点跟踪监测制度，启动了农药残留、兽药残留监控计划；2002 年对 18 种农药、29 种兽药、39 种渔药做出了禁止使用规定，对 19 种农药、8 种兽药和 5 种渔药做出了限制使用规定。这一系列的举措，无疑对食用农产品质量安全的监管起到十分重要的作用。但是，目前国家对食用农产品生产过程的立法工作还相对滞后，需尽快制定和完善相关的法律、法规，使行政执法机关和执法者做到有法可依。

2. 健全食用农产品生产过程相关标准体系

根据食用农产品质量安全监管需要，按照产前、产中、产后标准相配套的原则，积极采用国际标准（如 GAP、HACCP 等），及时清理和修订过时的国家标准、行业标准和地方标准，抓紧制定急需的食用农产品生产安全标准。

标准化是指在经济、技术、科学及管理等社会实践中，对重复性事物和概念通过制定、发布和实施标准，达到统一，以获得最佳秩序和社会效益的过程。食用农产品标准化具有地域属性、时间属性、技术属性和经济属性的特点。标准化的作用主要有规范作用、先导作用、评价作用、保护作用和沟通作用。食用农产品的标准化生产是在各有关方面协作下推动的，对促进社会共同理解、确保产品的安全性以及保护环境、明确产品性能、保护消费者利益，起到沟通和共识的作用。具体来讲食用农产品标准化生产就是指运用标准化的“统一、简化、协调、优选”原理，对种植业、养殖业和水产业的食用农产品生产制定系列标准，并在生产中严格执行标准的一种生产方式。

标准化生产是通过在生产中遵循统一的技术要求、统一的管理方法、统一的产品质量和产量目标、统一的监测手段，使食用农产品生产的全过程得到有效的控制，达到降低成本、提高质量、增产增收的目的。同时，标准化生产还能使先进的科技成果和成功的生产经验得到迅速推广，转化为现实的生产力，从而取得经济、社会和生态的多重效益。

为确保食用农产品安全，应加大生产技术标准和规范的实施力度，完善食用农产品生产记录制度，指导食用农产品生产者严格按照技术标准组织生产，科学合理地使用肥料、农药、兽药、渔药、饲料和饲料添加剂等农业投入品以及灌溉、养殖用水。要制定食用农产品生产技术操作规程，加强对食用农产品生产过程的安全卫生技术指导和监管，重点指导农药、兽药、渔药、激素、肥料、饲料和饲料添加剂的使用。对禁止使用、可以合理使用、提倡使用的药物等投入品，每年由农业行政主管部门分别列出明细目录，予以公布，用以指导生产。在蔬菜、瓜果的生产中，按照国家有关规定和技术要求，合理使用肥料、农药。积极推广使用有机肥、微生物肥料和生物农药、可降解地膜等生产技术。在畜禽、牛奶、水产品的生产中，按照相关规定，合理使用兽药、饲料和饲料添加剂。

总之，食用农产品生产过程的标准化应立足于当前国内的现实，着眼于未来和国际市场，搞好食用农产品标准化生产的科学论证，在重点规划无公害农产品生产的同时，及时谋划绿色食品、有机食品的发展框架。提倡食用农产品的规范化生产，选择可操作性强、效果较好的生产技术，利用现有的推广体系为种养殖户提供无偿服务，以开发示范基地的标准化作业为样板，带动食用农产品标准体系的推广与应用。

3. 加强食用农产品质量安全认证体系的建设

组建食用农产品质量安全认证机构，做好无公害农产品产地认定、产品认证和标识管理工作，开展种植业产品、畜产品、水产品的认证，积极推行良好农业规范（GAP）、危害分析与关键控制点（HACCP）体系认证，大力推广循环农业。绿色食品、有机食品作为食用农产品质量认证体系的重要组成部分，要按照“政府引导、市场运作”的发展方向，加快认证进程，扩大认证覆盖面，提高市场占有率。

4. 推广国外先进的规范化生产管理方法

（1）GAP　GAP（良好农业规范）的核心和实质是农产品规范化管理、标准化生产，以 EurepGAP 为典型代表。EurepGAP 由欧洲零售商联合会（EUREP）于 1997 年创立，其体系包括标准体系和认证体系两个部分，由 EUERP 所属的技术标准委员会管理。EurepGAP 对农产品产地、生产控制、质量安全、环境保护等方面都有明确的规定和要求。在欧盟内部，除德国和法国外，其他所有成员国都在全面采纳和推行 EurepGAP 体系。EurepGAP 标准主要用于新鲜蔬菜和水果生产控制，其他农产品也适用，如谷物、花卉种植和畜禽养殖质量管理等。目前，美国、加拿大、法国、澳大利亚、马来西亚、新西兰、乌拉圭、巴西等国家都已制定了本国良好农业规范标准或法规，同时，一些农产品生产经营企业和零售商，为保证农产品质量安全和让消费者满意，也制定了相关良好农业规范要求。为进一步推动良好农业规范技术的应用和发展，2003 年 3 月，联合国粮食及农业组织（FAO）在意大利罗马召开的农业委员会第十七届会议上，提出了良好农业规范应遵循的四项原则和基本内容要求，指导各国和相关组织进行良好农业规范的制定和实施。良好农业规范已经成为保障农产品质量安全，促进农业可持续发展的现代农业生产方向。

（2）HACCP　HACCP（即危害分析与关键控制点）体系是一种建立在良好操作规范（GMP）和卫生标准操作规程（SSOP）基础之上的控制危害的预防性管理体系，它的主要控制目标是保证食品的安全，因此它与其他的质量管理体系相比，可以将主要精力放在影响产品安全的关键加工点上，而不是在每一个步骤都投入很多精力，这样在预防食品安全危害方面就更为有效。HACCP是目前世界上最有权威的食品安全质量保证体系。HACCP体系的核心，是用来保护食品在整个生产过程中免受可能发生的生物、化学、物理因素的危害。其宗旨是将这些可能发生的食品安全危害消除在生产过程中，而不是靠事后检验来保证产品的可靠性。HACCP计划的主要内容包括以下7个方面：

①进行危害分析　首先要找出与品种有关和与加工过程有关的可能危及产品安全的潜在危害，然后确定这些潜在危害中可能发生的显著危害，并对每种显著危害制定预防措施。

②确定加工中的关键控制点　对每个显著危害确定适当的关键控制点。

③确定关键限值　对确定的关键控制点的每一个预防措施确定关键限值。

④建立HACCP监控程序　建立包括监控什么、如何监控、监控频率和谁来监控等内容的程序，以确保关键点控制在限值范围。

⑤确定当发生关键限值偏离时可采取的纠偏行动，以恢复对加工的控制，并确保没有不安全的产品销售出去。

⑥建立有效的记录保持程序。

⑦建立验证程序，证明HACCP系统是否正常运转。

二、技术支撑体系建设

科学技术是食用农产品生产标准化的基础，推动科技研发尤其是农业新技术的创新，必然会对提高食用农产品安全水平有极大的促进作用。科技进步是发展优势食用农产品生产的决定性因素，因此要有目的、有侧重地进行科技研发，如，加快引进、选育和推广优良品种，加速品种更新换代。加大对科研经费的投入力度，围绕生物肥料、生物农药、天然食品及饲料添加剂、动植物生长调节剂等农业生产资料的研制、开发和推广，解决我国食用农产品生产过程中技术及相应服务短缺的问题。

食用农产品安全生产技术是从农业技术体系中派生的针对产品安全性的技

术。它是围绕产品中有毒有害物质的控制和检验开发的，由一系列多学科、多类型的技术形成的技术系统。既包括硬技术，把技术物化到了种子、肥料、仪器、设备、药剂等载体之中；也包括软技术，体现为操作规程等。两者相互依存，共同作用，才能保证食用农产品的安全。安全生产技术主要包括：产地环境技术、品种培育技术、植物保护技术和土肥营养技术四大类，每一类又可以划分为若干具体技术或规程。如植物保护技术又可分为耕作技术、物理防病技术、生物防治技术、昆虫病原微生物杀虫技术、生化农药技术、药械技术、预测预报技术等。

大力推广新技术，提高信息化水平。加强食用农产品质量安全关键控制技术和综合配套技术的研究；加快农药残留、兽药残留等有毒有害物质快速检测仪器设备、方法的筛选比对和推广；抓好新品种、新技术、新产品的研究、开发、推广和技术服务工作；积极推广食用农产品产地环境净化技术。如，农药残留成为制约食用农产品质量安全的瓶颈，应用 IPM（Integreted Pest Management，即有害生物综合治理）技术生产食用农产品，可以减少化学农药的使用次数和使用频率，从而有效地解决农药使用与农药残留的问题。IPM 技术也称为绿色植保技术，是有害生物的综合治理技术，即科学地综合应用农艺措施、生物措施、物理措施、有害生物监控技术，优选化学措施，创造有利于农作物健壮生长而不利于有害生物繁衍的良性农业生态环境，激活自然生物链的作用和自然生物群落间的拮抗效应，提高农作物的抗病虫能力，抑制或减轻病虫的发生与危害，减少化学农药的使用量和使用频率，确保农产品的产量和质量，从根本上保证农产品的农药残留不超标。

三、行政监管体系建设

1. 建立群防群治机制

食用农产品种类多样，其生产环节涉及产地环境、投入品、生产操作流程等多种因素，对生产环节的监管涉及农业、环保、商务、质量监督检疫、工商等多个部门，因此，相关主管部门应协调建立群防群治机制，落实各部门的责任。如，产地环境监管应由环保部门统一协调；投入品生产、质量控制及流通应由质检部门和工商部门承担，以防止不合格食用农产品或危害性投入品的生产和流通；标准化生产体系的建立与推广（如畜禽和水产养殖标准化体系）应由农业部门牵头，指导企业和养殖户合法用药、合理用药，提高生产者质量安全意识和科学生产水平。另外，农业部门还应积极倡导健康养殖、清洁养殖、生态养殖，普及培训养殖技术和方法，在养殖企业和农户中宣传和推行生产记录、用药记录制度、产地产品检测及准出制度，把好农产品质量安全生产关。

2. 明确责任

食用农产品生产周期长，影响因素多，监管部门多，出现问题时，容易使各监管部门出现推诿、扯皮和推卸责任的现象，因此，非常有必要明确责任，做到监管不缺位、不错位，建立切实有效的监管机制；强化部门之间既分工明确，又密切协作的工作机制，明确各自责任，对生产环节管理的盲区和交叉区实行全过程监管。如，《种子法》和《农业转基因生物安全管理条例》中对食用农产品的重要投入品——种子的品种审定和引种做出了明确的规定，要求对主要农作物品种和转基因植物品种进行审定。品种审定实行国家和省（区、市）两级审定制度，农业部设立国家农作物品种审定委员会，负责国家级农作物品种的审定，省农业厅设立省级农作物品种审定委员会，负责省级农作物品种的审定。

案例 4　瘦肉精事件

2006 年 9 月，上海各医院陆续接到一批手脚麻木，头晕乏力的病人，而且他们具有同样的临床表现。前来就诊的病人越来越多，截止 9 月末，前来就诊的患者高达 300 多人。经过上海市卫生局、上海市食品药品监督管理局等各有关管理部门的调查，这些病人都购买并食用了农贸市场买来的猪肉，经检测，这些导致人中毒的猪肉均含有“瘦肉精”。

相关资料： 瘦肉精是一种能够促进瘦肉生长的饲料添加剂。任何能够促进瘦肉生长、抑制肥肉生长的物质都可以叫做“瘦肉精”。目前，能够实现这种功能的物质是一类叫做β—兴奋剂（β—agonist）的药物，如，在上海造成中毒的盐酸克伦特罗（clenbuterol），它是一种平喘药，该药物既不是兽药，也不是饲料添加剂。在猪肉里添加盐酸克伦特罗，促进瘦肉的生长，由此获得利益，并且严重危害食用者健康的行为在我国属于违法行为。

案例分析： 按照规定，进入批发市场销售的猪肉必须“三证”齐全。“三证”指动物产品检疫合格证、非疫区生产证、运载工具消毒证。上述案例中的含有瘦肉精的问题猪肉也是证照齐全，这批问题猪肉之所以能够畅通无阻地进入上海市的农贸市场，究其原因，一是由于我国对食用农产品的监管实行的是属地化管理，各省市只负责本区域的管理，对外省市没有管理权限，而且，对药物残留的检测，也是分别由不同的部门进行管理，部门之间缺乏衔接，这说明食用农产品安全监管工作机制在对食品的生产过程监管中出现了漏洞；二是抽检方法问题，5％的抽检率过小，导致问题猪肉漏检；三是检验标准问题，我国大部分地区还在采用 20 世纪五六十年代兽医卫生检验的规则，没有把生猪的饲料添加物残留列入强制检验的范围；四是监管问题，进入市场环节过多所导致的多头领导，“三证”抽检的属地化管理导致流入上海市场后忽视检验工作。

结论：该案例提示我们，对于食用农产品生产的监管，必须改进现有的工作机制，理清工作思路，设立统一的食品安全监管协调管理单位，避免多头领导，注重监管链条的衔接，实现无缝监管，以确保食用农产品安全；此外，在实行“三证”属地化管理的同时，依然需要进行食用农产品接收地检验工作；最后，需要强调的是可以适当提高抽检率或改进抽检方法，有条件的地区甚至可以采用全检的方式，杜绝漏检导致的问题食用农产品流入市场。

第五章　食用农产品的初加工与包装

第一节　食用农产品初加工与包装概述

一、食用农产品初加工与包装的定义

食用农产品的加工是将食用农产品转变为食品的第一步，是把食用农产品按其用途分别制成成品或半成品的生产过程。针对原料的加工程度而言可分为初加工和深加工。

食用农产品初加工是指由农民家庭兼营或收购单位对收获的各种食用农产品进行去籽、净化、分类、晒干、剥皮、沤软或批量包装以提供给初级市场的服务活动。与食用农产品收获有关的初加工服务活动包括对食用农产品的净化、修整、晒干、剥皮、冷却或批量包装等处理措施。这些初级加工工艺（如脱壳、干燥、磨碎、冷冻、分割、杀灭菌等）基本不改变食用农产品的化学组分，仅改变其物理性状，初加工品有豆腐、粉丝、腌制品、糖渍品等，水产品中的初加工品有冻鱼、咸干鱼等。

食用农产品初加工的加工程度浅、层次少，产品与原料相比，理化性质、营养成分变化小。

食用农产品的包装与食用农产品初加工是相辅相成的，也可以看做是食用农产品初加工的后续工作。食用农产品包装是指分等、分级、分类后实施装箱、装盒、装袋、包裹等活动的过程和结果，其中也包括对食用农产品的清洗、分割、冷冻等活动。

二、食用农产品初加工与包装涵盖的范围

根据农业的产业发展，食用农产品初加工与包装范围会有一定程度的调整。

2008年，我国有关部门根据近年来经济社会发展变化的情况对食用农产品初加工与包装的范围予以调整和修订，将食用农产品的初加工与包装范围划分为种植业、畜牧业、水产业三大类。

1. 种植产品初加工与包装的范围

（1）小麦的初加工与包装　即通过对小麦进行清理、配麦、磨粉、筛理、分级、包装等简单加工处理，制成小麦面粉及各种专用粉。

（2）稻米的初加工与包装　即通过对稻谷进行清理、脱壳、碾米（或不碾米）、烘干、分级、包装等简单加工处理，制成成品粮及其初制品，如大米、蒸谷米。

（3）玉米的初加工与包装　即通过对玉米籽粒进行清理、浸泡、粉碎、分离、脱水、干燥、分级、包装等简单加工处理，制成玉米粉、玉米楂、玉米片等；也包括鲜嫩玉米经筛选、脱皮、洗涤、速冻、分级、包装等简单加工处理，制成鲜食玉米（速冻黏玉米、甜玉米、花色玉米、玉米籽粒）。

（4）薯类产品的初加工与包装　即通过对马铃薯、甘薯等薯类进行清洗、去皮、磋磨、切制、干燥、冷冻、分级、包装等简单加工处理，制成薯类初级制品，主要包括薯粉、薯片、薯条。

（5）食用豆类产品的初加工与包装　即通过对大豆、绿豆、红小豆等食用豆类进行清理去杂、浸洗、晾晒、分级、包装等简单加工处理，制成豆面粉、黄豆芽、绿豆芽。

（6）其他类粮食的初加工与包装　即通过对燕麦、荞麦、高粱、谷子等杂粮进行清理去杂、脱壳、烘干、磨粉、轧片、冷却、包装等简单加工处理，制成燕麦米、燕麦粉、燕麦麸皮、燕麦片、荞麦米、荞麦面、小米、小米面、高粱米、高粱面。

（7）蔬菜的初加工与包装　即对新鲜蔬菜进行清洗、挑选、切割、预冷、分级、包装等简单加工处理，制成净菜、切割蔬菜；利用冷藏设施，将新鲜蔬菜通过低温贮藏，以备淡季供应的速冻蔬菜，如，速冻茄果类、叶类、豆类、瓜类、葱蒜类、柿子椒、蒜薹；将植物的根、茎、叶、花、果、种子和食用菌通过干制等简单加工处理，制成初制干菜，如黄花菜、玉兰片、萝卜干、冬菜、梅干菜、木耳、香菇、平菇。

另外，以蔬菜为原料制作的各类蔬菜罐头（指以金属罐、玻璃瓶，经排气密封的各种食品）及碾磨后的园艺植物（胡椒粉、花椒粉等）不属于初加工与包装范围。

（8）水果的初加工与包装　即通过对新鲜水果（含各类山野果）清洗、脱壳、切块（片）、分类、储藏保鲜、速冻、干燥、分级、包装等简单加工处理，制成各类水果、果干、原浆果汁、果仁、坚果。

（9）油料植物的初加工与包装　即通过对菜籽、花生、大豆、葵花籽、芝麻、胡麻籽、茶籽、棉籽、红花籽及米糠等粮食的副产品进行清洗、热炒、磨坯、榨油（搅油、墩油）、浸出等简单加工处理，制成植物毛油和饼粕等副产品，主要包括菜籽油、花生油、豆油、葵花油、芝麻油、胡麻籽油、茶籽油、棉籽油、米糠油以及油料饼粕、豆饼等。

另外，精炼植物油不属于初加工与包装范围。

（10）糖料植物的初加工与包装　即通过对各种糖料植物，如甘蔗、甜菜、甜菊等，进行清洗、切割、压榨等简单加工处理，制成制糖用的初级原料产品。

（11）茶叶的初加工与包装　即通过对茶树上采摘下来的鲜叶和嫩芽进行杀青（萎凋、摇青）、揉捻、发酵、烘干、分级、包装等简单加工处理，制成初制毛茶。

另外，精制茶、紧压茶和掺兑各种药物的茶及茶饮料不属于初加工与包装范围。

（12）热带、亚热带作物的初加工与包装　即通过对热带、亚热带作物去除杂质、脱水、干燥、分级、包装等简单加工处理，制成工业初级原料，主要包括天然橡胶生胶和天然浓缩胶乳、生咖啡豆、胡椒籽、肉桂油、香茅油、木薯淀粉、木薯干片、坚果。

2. 畜牧产品初加工与包装的范围

（1）肉类产品的初加工与包装　即通过对畜禽类动物（包括各类牲畜、家禽和人工驯养、繁殖的野生动物以及其他经济动物）进行宰杀、去头、去蹄、去皮、去内脏、分割、切块或切片、冷藏或冷冻、分级、包装等简单加工处理，制成分割肉、保鲜肉、冷藏肉、冷冻肉、绞肉、肉块、肉片、肉丁。

（2）蛋类产品的初加工与包装　即通过对鲜蛋进行清洗、干燥、分级、包装、冷藏等简单加工处理，制成各种分级包装的鲜蛋、冷藏蛋。

（3）奶类产品的初加工与包装　即通过对鲜奶进行净化、均质、杀菌或灭菌、罐装等简单加工处理，制成巴氏杀菌奶、超高温灭菌奶。

（4）蜂产品的初加工与包装　即通过对原浆蜂蜜进行去杂、过滤、浓缩、熔化、磨碎、冷冻等简单加工处理，制成蜂蜜、蜂蜡、蜂胶、蜂花粉。

另外，肉类罐头、肉类熟制品、蛋类罐头、各类酸奶、奶酪、奶油、王浆粉、各种蜂产品口服液、胶囊不属于初加工与包装范围。

3. 水产品初加工与包装的范围

（1）动物水产品的初加工与包装　即将水产动物（鱼、虾、蟹、鳖、贝以及棘皮类、软体类、腔肠类、两栖类、海兽类水产动物等）整体或去头、去鳞（皮、壳）、去内脏、去骨（刺）、擂溃或切块、切片，经冰鲜、冷冻、冷藏等保鲜防腐处理、包装等简单加工处理，制成水产动物初制品。

另外，熟制的水产品和各类水产品的罐头以及调味烤制的水产食品不属于初加工与包装范围。

（2）植物水产品的初加工与包装　即将水生植物（海带、裙带菜、紫菜、龙须菜、麒麟菜、江篱、浒苔、羊栖菜、莼菜等）整体去根、去边梢、切段，经热烫、冷冻、冷藏等保鲜防腐、包装等简单加工处理的初制品，或整体去根、去边梢、切段，经晾晒、干燥（脱水）、包装、粉碎等简单加工处理的初制品。

另外，罐装（包括软罐）产品不属于初加工与包装范围。

三、食用农产品初加工与包装对食品安全的影响

随着经济社会的快速发展，人们对食用农产品的内在质量和外观品质都有较高的要求。食用农产品的初加工与包装将成为食品产业链中的不可或缺的环节，同时也是解决“三农”问题、增加就业、保障食用农产品安全的重要途径。

在初加工与包装过程中，食用农产品受各种污染的机会很多，其污染的方式、来源及途径是多方面的，因此食用农产品质量安全包括微生物污染、生物毒素、化学物质残留及物理危害，还包括营养、食品质量、标签及安全教育等问题。从供应链上讲，食用农产品的初加工与包装是农产品转变为食品的初级阶段，在这一环节造成的食品安全问题，将蔓延和严重影响到后续的食品生产、流通、消费全过程。目前在食用农产品的初加工与包装环节中，存在的主要安全问题大致包括环境因素造成的有毒有害物质超标、人为的掺杂使假、在初加工和包装过程中造成的二次污染等几个方面。

新鲜水果、蔬菜、肉类是我国出口食用农产品中的主要产品，尤其对东南亚地区出口数量很大。但是产品的保鲜技术落后，包装很粗糙，这些出口食用农产品大多没有经过初级加工，出口运输包装多采用传统的纸箱，没有广泛使用透气性好的高密度聚乙烯运输箱、周转箱，不仅在运输时不能装载完满，达不到额定载量和体积，使运输成本大大增加；而且运输过程中腐烂和损耗率相当惊人。据商务部有关数据显示，我国每年水果蔬菜总产量的 20％在贮存运输过程中被损耗掉，损失达到 700 亿美元。如果这 700 亿美元用于改进包装，不但能使出口水果蔬菜的损耗降到最低，而且经过妥善包装的食品农产品本身的品质会更高，新

鲜程度、卫生情况会有所改变，运输仓储寿命、货架寿命将得到提高，商品附加值和市场竞争力也会大大提高，利润也将更加可观。

我国食用农产品的初加工与包装简陋，出口价格较低。一些国家进口我国的食用农产品后还需要重新加工和包装，再进入该国市场，使产品的市场价格远比进口时高，使产品的附加值大大提升，而这部分利润由于我国的初加工与包装技术落户而白白损失掉了。尤其是水果、蔬菜、茶叶等农产品的运输包装和国外相比，差距很大，因此，我们应该学习国际上的先进技术和经验。

我国新疆等地生产的水果批量出口呈逐年上升趋势。但由于出口的水果大部分来自于国内一些批发市场或果园，未进行严格挑选、分级等加工处理，加上仓储条件差、运输不善等多方面原因，造成出口水果出现很多质量问题。一是包装不规范。如，柑橘主要以竹筐、纸箱为包装，苹果、梨主要以纸箱为包装。70%以上外包装无文字说明或说明不全，有的甚至用啤酒箱包装，有的苹果包装箱上所标注的货物名称却是梨，有的同一批货物使用多种规格包装。此外，少数包装还存在霉斑、污迹、结构不牢固等缺陷。二是初加工水平参差不齐，筛选的果型大小不一，果面洁净度差，果实有机械伤、裂口等伤残，混杂腐烂果、残次果、畸形果等情况突出；12 月份后出现冻伤果；2 月份后部分水果出现脱水等。三是蚧壳虫类、螨类等害虫检出率很高。

第二节　食用农产品初加工与包装产业发展现状和问题

一、国内外食用农产品初加工与包装产业发展现状

1. 国内产业现状

（1）初步形成规模　我国政府在政策、技术和资金等方面对食用农产品初加工与包装产业给予了大力扶持，在全国从事食用农产品初加工与包装的企业越来越多，极大地促进了农村社会生产力的发展。目前，我国食用农产品初加工与包装产业运行态势良好。农业部发布的数据显示，食用农产品初加工与包装行业产值已达到 4 万多亿元，全国规模以上的相关企业达 7 万多家，从业人数近 1 800 万人，占全部工业从业人员的 28%。目前，国内涌现了一批起点高、成长快、规模大的农产品加工企业集团，成为农产品加工业的中坚力量。全国共有农业产业化龙头企业 6 万多家，其中国家级的龙头企业近 600 家，双汇、得利斯、皓

月、德大、龙大、蒙牛、三元、汇源、大成、华农等一大批知名骨干企业，不仅规模大，效益好，而且带动能力强，辐射面广。

(2) 社会效益良好 在一些以农业为主的县市，包括食用农产品初加工与包装在内的农产品加工业的税收对当地财政的贡献率已达到70%。食用农产品初加工与包装产业发展在繁荣地方经济，促进农民增收和转移农村剩余劳动力等方面的作用日益显现，逐步成为地区经济发展的重要力量。

(3) 科技水平不断提高 超高温瞬时杀菌、冷冻速冻、超临界萃取、膜分离、挤压膨化等应用技术在行业中得到了进一步的推广应用，有力地促进了我国食用农产品初加工与包装技术水平的提高和产品的更新换代。同时，装备水平有了不同程度的提高，乳品等行业装备技术水平已与世界先进水平同步，国内开始进入到以科技创新来推动产业升级的阶段。

(4) 初步形成了各具特色的产业集群 根据资源禀赋和区域优势，各地区围绕本地优势产品、特色食用农产品和市场需求发展食用农产品加工业，在全国范围内形成了一批特色鲜明的食用农产品产业带，如内蒙古的乳品加工，河南、河北的小麦和肉类加工，吉林的玉米和肉牛加工，湖南的水稻加工，浙江、江苏、福建的茶叶加工，新疆的葡萄和番茄加工，四川的果蔬加工等。我国农业部在确立11种优势农产品区域布局的基础上，构建了我国食用农产品加工九大产业带和以大城市郊区为依托的加工区，使食用农产品加工向产区和大城市郊区集中，初步形成了一批优势产业集群，使规模优势、区域优势和市场优势得以充分发挥。

2. **国外行业现状**

近几年来，世界食用农产品初加工与包装业在整体产业能力、科技发展、经营管理等方面发生了显著的变化，国外的发展有一些值得我们关注的新趋势。

(1) 产业化经营的水平越来越高 发达国家已经实现了食用农产品的生产、加工、销售一体化经营，具有生产基地化、品种专用化、质量体系标准化、生产管理科学化以及公司发展规模化、企业经营信息化、产品营销网络化等特点。企业规模日益庞大，很多企业都是跨国经营的企业。

(2) 食用农产品精、深加工的比例越来越大 食用农产品初加工向精加工和深加工转变，食用农产品的增值程度高。发达国家的食用农产品加工程度达到80%以上。食用农产品加工业产值一般为农业产值的2～3.7倍，经工业加工的食品占饮食消费的80%～90%。粮食加工可增值4～6倍；棉花加工增值2～4倍；禽畜加工增值3～6倍；薯类加工增值3～6倍；果蔬加工业增值3倍以上。

(3) 技术与设备高新化 在发达国家，主要食用农产品初加工与包装都采用了高新技术。目前，国际上广泛应用的高新技术主要有生物工程技术、速冻技术、真空冷冻干燥技术、超微粉碎技术、冷冻浓缩技术、膜分离技术、微波技术、膨化技术、超临界萃取技术、微电子技术、微胶囊技术、超高压加工技术、特征红外干燥技术、新型储运保鲜技术等。

(4) 向安全、绿色、休闲方向发展　随着人们安全意识的不断增强，安全、绿色、休闲成为人们消费的主流和方向。而保障生命健康安全的绿色食用农产品更加受到发达国家消费者的青睐，市场潜力巨大；而快节奏的生活方式使人们对休闲食品的消费逐渐成为一种国际化的趋向。据统计，美国每年休闲食品的人均消费量达 8.6 千克，各国企业都看好休闲食品的生产，使全球休闲食品市场相对集中，竞争非常激烈，跨国性的企业和品牌对该市场占有绝对优势。

(5) 投入比例越来越大　由于产业发展的需要和产业布局的优化，特别是受到市场和经济回报的吸引，各国政府不断加大对初加工和包装领域的公共基础投资，引导了大批企业纷纷投入，成为该产业的投资主体。与产值相对应，发达国家对产后加工环节的投入比例要大于对农业的投入。如美国在农业总投入中，用于产前和产中的费用仅占 30%，70%的资金用于产后加工环节，从而提高了食用农产品的高附加值和资源的合理利用。

(6) 突出可持续发展的理念　发达国家食用农产品企业把食用农产品转化为高附加值的产品一般是出于环保和经济效益的考虑。如，利用食品厂（淀粉厂）的废水，经酵母发酵生产单细胞蛋白，已建成万吨级菌体蛋白加工厂。美国、日本、韩国、欧洲等国家和地区利用棉籽饼提取棉籽蛋白，用于饲料添加剂和生产抗生素药品的氮源。美国利用葡萄皮渣提取葡萄红色素，从橘子皮、苹果渣中提取高品质果胶 β 胡萝卜素等有效成分，并已形成规模化生产。美国 ADM 公司已实现清洁生产（无废生产），使原料得到综合有效利用。

(7) 有利的政策导向　各国政府的产业政策、金融政策、税费政策等大大影响企业的发展，发达国家通过政府的控制性政策、协调性政策、引导性政策和扶持性政策，对涉农企业进行相应的干预和扶持。

二、我国食用农产品初加工与包装行业存在的问题

由于经济与科技水平相对落后，我国在食用农产品生产的技术规章、技术标准、合格认定程序以及对绿色包装、标志、标签的要求与发达国家相比还存在着很大的差距。

1. 行业规范和标准不健全

我国在食用农产品初加工与包装方面没有统一规范和具体的技术标准，很多

食用农产品在初加工与包装过程中对商品性能、产地、用途、质量、价格、规格、等级、主要成分、生产者、有效期限、使用方法、售后服务及服务内容没有真实明确的标示，各种包装随意性强，很不规范在很大程度上直接影响了食用农产品的销售。因此，亟须制定一批行业规范和标准，促进食用农产品初加工与包装行业的健康和可持续发展。

2. 技术储备不足

从调查的情况来看，初加工与包装技术的严重不足是困扰食用农产品初加工与包装的重要问题。近些年来，各地虽然不断加大科技下乡的力度，科技下乡、科普大集正成为农民学科技、用科技的良好平台。但是，在绝大部分科技下乡、科普大集上，却很难找到初加工与包装技术方面的内容，甚至是科技下乡中的空白。另外，国家对食用农产品初加工与包装技术开发项目的投入不够，食用农产品的初加工与包装的技术发展还需要政府的积极引导和支持。

3. 创新能力不强

食用农产品初加工与包装技术创新、新技术的应用，在欧美等农业发达国家都做得非常出色，不断有新的知识产权、新的技术与新的产品推出。而我国虽然在食用农产品开发方面投入不少，但真正用于食用农产品初加工与包装技术创新的却并不多。多数企业仍然采用传统的小作坊式的加工和包装方法，设备简单落后，工艺粗糙而简易，因此难以适应市场经济的发展。

4. 人才队伍建设不完善

调查中发现，我国除了县乡两级分别有农业技术推广站外，不少农村也有自己的“田秀才”。然而，在农村县乡村三级农科人员中，基本上都是种植、养殖方面的农业科技人才，流通领域的科技人才很少，农产品初加工与包装方面的高科技人才更是十分匮乏。

同时，行业技术培训不够。我国食用农产品初加工与包装行业从业人员中受过高等教育和具有中级以上技术职称的比例大大低于机械、化工、电子等行业，食用农产品初加工与包装行业专业人才结构也不尽合理，工程师、工人技师的比例小得可怜，而高级工程师、高级技师更是凤毛麟角。一线生产工人得不到应有的专业培训，很多中小型食用农产品包装企业不愿意在人才的培训上投资，生怕培训后员工跳槽，投资无回报。这些综合因素使得食用农产品行业从业人员整体素质较低，无法适应农产品市场化的需求。

5. 包装材料污染严重

在初加工和包装过程中造成食用农产品二次污染是该环节最为突出的问题。食用农产品因受其生理特点的制约，一般很难在各地都得到新鲜供应，从而造成产地与非产地、旺季与淡季供应的较大差别，因此应选择经济有效的包装袋来延长其货架寿命。如，采用淀粉薄膜包装，可使青椒的还原糖损失最少，能保持其外表新鲜、气体交换和呼吸代谢正常。

食用农产品采用的包装材料种类繁多，不少初加工和包装单位不能提供包装材料的生产厂家或来源的相关信息和检验报告，用这种来源不明的包装材料包装食用农产品存在着严重的污染隐患。特别是一些企业对原材料、助剂、工艺的安全控制意识较弱，为追求利润，购买劣质包装材料，埋下了许多安全隐患。目前，社会上一些不法商贩利用非食品用原料（如工业用原料）或用回收的废旧塑料再加工后生产的劣质包装材料当作食用农产品包装，这类产品含有多种对人体有害的化学物质，如果盛装油料植物，其中的有害物质会溶解到油脂中，对食用农产品造成污染，危及人体健康。违规添加的增塑剂溶出后对人体有害，有的可能致癌；重金属、铅等有害成分会有选择性地在人体内长期蓄积，影响人体健康。部分超市的蔬菜使用了对人体健康有害的一次性发泡塑料护网包裹，而相当数量的贴有绿色食品标签的优质大米，也使用了有害的塑料编织袋包装。

特别值得一提的是，一些食用农产品初加工和包装单位大量使用增白纸张来包装食用农产品，而在增白纸张的生产过程中，大都使用了对人和动物有很大毒害作用的荧光增白剂进行处理。另外，彩色包装纸造成的污染、危害更大，彩色包装纸中含有超标苯的彩色油墨，如果与食用农产品直接接触，可能直接危害人体健康。2005 年年底，欧盟在市场抽检的雀巢婴儿奶粉中发现了包装油墨成分，并从法国、葡萄牙、西班牙及意大利召回大批牛奶，后来发现是包装材料存在严重质量问题。

上述事例说明食用农产品包装材料的安全问题突出，应引起有关方面的重视。

第三节　食用农产品初加工与包装监管体系建设

一、国外食用农产品初加工与包装产业监管

除了国内法律法规，国际法也是指导和规范国内食用农产品初加工和包装行业的重要参考依据，而食用农产品的包装是各国法律法规进行监管和规范的重点。

WTO 对食用农产品初加工和包装的要求十分严格，加入 WTO 后我国虽然

有一个全新的国际贸易环境，但食用农产品的初加工与包装已成为西方发达国家阻碍我国食用农产品进入国际市场的挡箭牌。如果我国食用农产品初加工与包装观念、技术、质量跟不上，将明显制约外贸出口。因此，我国的食用农产品初加工与包装企业应未雨绸缪，尽快熟悉和掌握国际标准，建立健全安全管理体系。

1. 国际通用的食用农产品初加工与包装有关法规和标准

WTO规制下各发达国家及国际组织制定的与食用农产品相关的标准主要内容有：国际标准化组织起草和颁布的ISO 14000《环境管理标准制度》和ISO 22000标准《食品（包装）安全管理体系》。

其中，ISO 22000标准由来自食品行业的专家、国际专业化机构和食品法典委员会的代表，以及联合国粮农组织和世界卫生组织联合建立的机构共同制定。

该标准可作为技术性标准对企业建立有效的食品安全管理体系提供指导，并促使全球的企业以更加简单、统一的标准实施HACCP，避免因为国家不同或者食用农产品不同而有所差异。该标准覆盖了食品链全过程，即种植、养殖、初级加工、生产制造、分销，一直到消费者使用，其中也包括餐饮服务标准。

2. 美国食用农产品初加工与包装的相关法规

美国联邦法规中第21章第170节至186节，严格规定了食用农产品初加工与包装的标准。特别是规定了与食用农产品接触的材料必须符合美国食品及药品管理局（FDA）的检测标准，并通过以下两种方法进行测试：一是化学成分组成，包装使用的材料必须是法规中明确规定允许的材料，包装商还必须遵照法规要求的方法和条件处理这些材料。二是迁移测试，包装材料需要经过检验，通过复杂的迁移测试并被认定是安全可靠的材料。迁移测试是用于评测从包装材料中流失出来的残留物的含量水平。通常，这个方法是新型包装材料的必选测试。

3. 欧盟食用农产品初加工与包装的相关法规

欧盟有关立法始于20世纪70年代中期，现行的法规是欧盟2004年11月13日颁布的一项欧洲议会和欧盟理事会通过的有关食品接触材料的法规（欧盟NO. 1935/2004/EC认证），是欧盟最新发布的与食用农产品初加工与包装有关的基本框架法规。该法规中关于对食用农产品初加工与包装的规定将对我国食用农产品向欧洲出口产生更广泛的影响。与以往不同的是，过去的框架规定形式是指令，需要各成员国进行转换，而此次是直接以法规形式颁布的。这意味着各成员国不需任何转换，应直接、完全遵守本法规。在某种意义上可以说，其法律效力更强、更直接了。该法规对与食用农产品接触的材料和制品提出了通用要求：进入欧盟市场的所有食用农产品接触材料和制品，应按良好生产规范组织生产，这些材料和制品在正常或可预见的使用条件下，其构成成分转移到食用农产品中的量不得造成危害人类健康，或食用农产品发生无法接受的变化，或感官特性的劣变的情况，且材料和制品的标签、广告以及说明不应误导消费者。

新法规对与食用农产品接触的材料提出了具有追溯性的要求。新法规规定，为了便于材料的生产控制、有缺陷产品的召回、消费者信息的获取以及责任分摊，在任何阶段都应保证材料和制品的追溯性。

4. 法国食用农产品初加工与包装的相关法规

法国从立法、科研、风险分析和评估、食品安全监控到食品的全程跟踪系统的各个方面，制定了一系列规章制度，以确保食品安全，打消消费者的顾虑。在法国，食品标签赋予了产品更强的抵御危害的能力，食品标签制度也有着很好的信誉，消费者可以放心地根据食品标签买到符合卫生和健康标准的食品。

法国食用农产品共有 4 种官方认可的质量标签：红色标签、特殊工艺证书、生态农业产品标签和产地冠名标签，由法国农业部和经济财政部联合管辖的“竞争、消费和反欺诈司”予以认可，法国农业部和经济部分别委托有关行业协会负责对食用农产品贴标签的管理和监督。在食用农产品标签上，除了产地、成分、口味、制作工艺、生产日期、有效期、荣获奖项、价格等基本内容，还能提供很多其他信息。

如，“红色标签”是指普通意义上的优质产品。始于 1965 年的“红色标签”是某种产品质量优秀的保证。要给食用农产品贴上红色标签，首先要提供质量证明，特别是味觉方面的分析；产品的生产工艺要由“国家标签和鉴定委员会”考核通过，交农业部官方公报认可，认可之后还要随时接受认证机构的检查和监督。

二、加强食用农产品初加工与包装监管体系建设

目前，国际上对食用农产品的限制措施和技术壁垒在不断调整和变化，对进出口食用农产品的技术检验和卫生检疫要求越来越高；再加上食用农产品本身的卫生问题不断出现，不少发达国家推出许多法律法规对食用农产品的初加工与包装实行相当严格的准入制度，由此可以看出各国普遍对食用农产品初加工与包装问题非常重视。

1. 充分利用有利条件

近年来，我国食用农产品丰年有余，供求基本平衡，粮食、水果、肉类、奶类、水产品等主要食用农产品产量已位居世界首位，农业开始步入效益农业阶段，通过延长农业产业链，提高附加值，食用农产品初加工与包装正在成为效益农业的重要产业。我国政府下发了国民经济和社会发展“十一五”规划纲要，提

出了一系列推动农业发展的相关政策措施，为加快农产品初加工与包装的发展进一步指明了方向。人民生活开始向全面实现小康迈进，食品消费结构进入了加速调整和升级的重要阶段，在食用农产品直接消费减少的同时，对初加工甚至深加工、精加工制品出现了数量和质量上的巨大需求，食用农产品加工业快速发展的市场环境已经形成。我国加入WTO后，有利于食用农产品相关产业利用国外资源，有利于国外先进技术及管理经验的引进、消化、吸收和再创新，提升技术水平和产业素质，增强综合竞争力。

2. 加大行业规范力度，引导食用农产品初加工与包装产业发展

根据我国"十一五"期间农产品加工业发展规划，食用农产品初加工与包装行业的发展应遵循以下原则：

（1）坚持以人为本的原则　把促进农业发展、农村繁荣、农民富裕作为出发点和落脚点。通过行业带动，建设专业化、标准化、规模化原料基地，形成初加工与包装企业与农户风险共担、利益均沾的利益联合机制，使农民分享到初加工与包装环节利益。

（2）坚持市场导向原则　充分发挥市场对资源配置的主导作用，通过优化资源配置，提高行业的整体效益；通过研究、开发一批名牌产品，提高市场占有率；通过培育一批农产品初加工与包装优势企业和主导产业，提高国际竞争能力。

（3）坚持质量安全原则　建立和完善农产品加工标准体系，建立从"从农田到餐桌"全程质量控制体系。严格执行食用农产品卫生标准和产品标准，大力发展无公害食品、绿色食品和有机农产品，确保食用农产品加工的质量安全。

（4）坚持科技创新原则　整合技术资源，加强国外先进技术的引进、消化和吸收，加大技术集成和原始创新，加强企业技术创新，全力打造一批农产品加工科技创新基地和产业化示范基地，全面提高我国农产品加工业的自主创新能力，在关键技术领域实现重点突破。

（5）坚持因地制宜原则　充分发挥资源、经济、市场和技术优势，依托优势农产品生产区域，发展特色农产品加工业，逐步形成农产品生产和加工相协调的现代农业产业带，实现农产品加工与原料基地的有机结合，将资源优势、区位优势转变为经济优势。

（6）坚持可持续发展原则　实施可持续发展战略，积极发展环境友好型和资源节约型农产品加工业，原料基地建设必须服从生态环境建设的要求，农产品加工的过程要重视清洁生产和循环利用，加强资源的深度开发利用，节能降耗，减少环境污染，走可持续发展之路。

3. 促进食用农产品初加工与包装的标准化与规范化

加大力度，促进食用农产品初加工与包装的产业发展，实现相关产业的现代化、规模化、标准化。及时收集、掌握和整理 CAC、ISO 等国际组织以及美国、日本、韩国、欧盟等主要贸易国食用农产品进出口标准及政策的发展动态，并随时反映国际食用农产品贸易中出现的新情况、新趋势和新问题，为广大食用农产品初加工与包装企业采取积极的应对措施、制定（修订）我国食用农产品初加工与包装标准以及政府科学决策提供参考依据。加强质量控制体系建设、加快农产品加工企业推行良好生产操作规范（GMP）、危害分析与关键控制点（HACCP）和 ISO 9000 族系质量管理与控制体系，进一步加强对已通过认证的企业的后续监管。同时，扶持鼓励现有省级质检中心开展农产品加工业质量安全检测工作；大力支持检测新技术的研究，逐步建立起一套完整的快速、便携、精确的检验检测技术体系，建立健全农产品加工企业质量安全诚信体系。

4. 借鉴国外先进技术，创新研发包装新型材料

在食用农产品初加工与包装的基础方面，我国存在诸多先天优势。例如，制作包装的原料广泛，造价低。各种植物纤维可造纸浆模塑；可与纸浆、氢氧化氨以 100∶10∶5 比例进行混合、模压；天然芦苇可制作食品包装盒；以小麦秸秆纤维和麦粒中的淀粉、土豆淀粉为原料可制作纸板包装盒；稻草、甘蔗渣、糠壳等农作物纤维均可作为绿色包装的原料；天然植物如竹、草、灌木、柳条等均可开发天然绿色包装材料。上述材料制作的包装便于回收和自行降解。

此外，我国可以发挥后起效应，借鉴发达国家开发出来的新成果。发达国家目前已开发出许多新技术，如英国剑桥大学科学家开发出一种涂在水果上，可与水果一起吃的，能防止熟透的水果很快腐烂的保护膜；日本千叶县农业试验场开发出一种低成本而不降低质量的特殊渗透膜、可以调节包装气体浓度的水果运输包装新技术；日本一家包装公司利用豆腐渣制成一种适用于肉、水果等包装的食用纸。

相关部门和行业协会应加强食用农产品初加工与包装行业指导，积极引导标准化工作进程，加快包装材料、初加工与包装技术、包装标识、初加工与包装等的标准化进程，甚至采取强制性推广。而目前有的包装技术标准还是空白，有的已经过时，有的需要修订，另外，在标准的执行方面还不够严格。

近年来，在食用农产品包装方面又出现了一个很好的选择。美国纤维纸箱协会（The Fiber Box Association，下文简称为 FBA）于 2000 年推出了农产品瓦楞纸箱包装规格标准：The Corrugated Common Footprint（下文简称为 CCF）。到目前为止，CCF 标准纸箱在食用农产品瓦楞包装中广受欢迎，CCF 纸箱和传统

瓦楞纸箱有望在食用农产品运输在包装市场上占据领先地位。CCF 标准给瓦楞纸箱的规格制定了统一标准，不仅使农产品（新鲜水果、蔬菜）的包装能适用行业标准托盘，还能提高货物装卸、运输、仓储等方面的效率。此标准适用于货物包装运输的瓦楞纸箱，同时也适用于商店陈列用的纸箱。

CCF 纸箱能为食用农产品提供出色的保护，同时又能提高运输效率。到目前为止，在以葡萄、草莓和苹果为研究对象的报告中，结果都显示 CCF 纸箱容量利用率更高，供应链成本更低，货物运抵时受损程度也更低。CCF 纸箱为食用农产品包装提供了一个标准模式，同时还为包装设计提供了很大的发挥空间。纸箱生产商可以根据不同的货物和包装要求，在包装重量、厚度、机械加工性等方面为用户提供多种选择，最大程度地满足特定商品的需要，保证运输效率和保护性。借鉴和推广标准化的初加工与包装有利于加快我国包装技术研发的进程。

我国食品农产品初加工与包装技术设备和运输包装与国外相比差距很大，应加大技术创新力度，大力研究开发先进的初加工与包装技术设备，这是最终实现初加工与包装能够有效功能的技术保障。只有采用先进的初加工与包装技术和设备，才能够真正让出口食品农产品达到进口国的要求，实现出口产品的大幅度增长。

5. 完善相关法律法规，加大资金投入力度

在完善技术标准的基础上，更要建立健全食品农产品初加工与包装法律法规。我国至今为止还没有一部完整的相关法律法规，政府应该重视起来，尽快制定出台《食用农产品加工管理条例》和《包装法》，依法推进行业监管。

政府和企业应在食用农产品初加工与包装方面加强引导和监管，加大资金投入，不断加强食品安全教育和技术培训，增强广大农民和企业对食用农产品初加工与包装安全的认识，使食用农产品更好地走向国内和国际市场，提高商品附加值，使农民不再受困于初级农产品的廉价，而是真正从高附加值的农产品中增加收入，得到实惠。在加强食用农产品包装的同时，也要把食用农产品内容物的品质提高，保障食用农产品的食用安全。

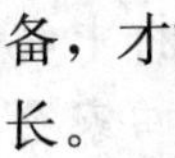

案例 5　苏丹红辣椒粉事件

2005 年英国在食品中发现了苏丹红，并将问题食品下架处理。我国食品安全监督管理部门也高度关注苏丹红在我国食品市场的使用情况，并发出紧急通知严格控制“苏丹红一号”进入我国的食品市场。北京市食品安全监督部门发现百胜餐饮集团下属的肯德基所使用的调料和亨氏辣椒酱中均含有“苏丹红一号”。

之后肯德基公开向公众致歉，暂停销售涉及“苏丹红一号”的三种产品，并开始严格设置本企业的食品安全自控措施。

经有关部门核实，肯德基和亨氏生产的食品中所含“苏丹红一号”均来源于由宏芳香料（昆山）有限公司生产的辣椒粉。而所有调料中的“苏丹红一号”又可追溯至广东田洋公司，该公司用工业原料假冒成食品增色剂，违法销售给河南驻马店豫香调味品有限公司用于辣椒粉加工；再经过安徽义门苔干有限公司包装，卖给宏芳香料（昆山）有限公司，最后售给肯德基的供应商基快富公司，从而混合肯德基的调料。其主要问题是辣椒在加工过程中被违法添加致癌物质“苏丹红一号”。

相关资料：苏丹红一号，化学名称为1-苯基偶氮-2-萘酚（$C_{16}H_{12}N_2O$），是一种化学染色剂，并非食品添加剂，具有明显的肝肾毒性，并属于易致癌物质。主要是用于石油、机油和其他的一些工业溶剂中，目的是使其增色，也用于鞋、地板等的增光。

案例分析：分析苏丹红辣椒粉事件原因，一是企业自身行为不当，在调味品生产中投入国家明令禁止使用的工业原料作为添加剂；二是从肯德基调料中的“苏丹红一号”可追溯至广东田洋公司，从田洋公司到肯德基，中间隔了四家企业，这说明食用农产品原料供应产业链条监管不力。从而暴露了我国目前在食品安全管理方面存在的问题。

结论：要保证食用农产品在加工过程中的质量，需要在以下几方面加强管理：

1. 初加工的生产企业必须提高添加剂验收标准，确立完善的添加剂验收检测制度，杜绝非食品添加剂进入食品生产领域。

2. 加大食用农产品生产的法律法规宣传力度，提高食品行业从业人员的安全意识，加强行业自律，监督和约束企业和个人的行为。

3. 加强行业监管，杜绝其他类似现象的再次发生。

4. 国家整体执法队伍的素质亟待提高，国家应该对执法人员加强培训，从技术和经验两个方面提高他们对食品安全的检验和反应能力。

5. 严格处罚机制，加大惩罚力度。

第六章　食用农产品的贮存与运输

我国水果、蔬菜等食用农产品在贮存与运输环节上的损失率为每年30%～35%，粮食的损失以千万吨计。规范的食用农产品存储运输体系，不仅能使食用农产品实现其价值与使用价值，减少损耗，还可以增加附加值和安全性，提高农业生产的整体效益。

第一节　食用农产品贮存与运输概述

一、食用农产品贮存与运输的概念

讲到食用农产品的贮存与运输，必须先讲食用农产品物流。食用农产品物流是物流业的组成部分，是指为了满足消费者需要而以最优成本进行的食用农产品实物本体从生产、流通到消费之间的物理性流动及相关信息的共享。包括食用农产品的生产、收集、贮存与运输、包装配送、流通加工、分销、信息活动等一系列环节。

食用农产品的贮存与运输也是食用农产品物流的重要一环，是指有计划地调整食用农产品供应状态，通过对食用农产品的有效保管措施、快速输送，把食用农产品从生产地区流转到加工、贸易、消费地区，从食用农产品供应充足地区流转到供应短缺地区，从农村流转到城市，从农田流转到餐桌，以增加食用农产品的附加值并创造最大效用的活动。

二、食用农产品贮存与运输的特征

1．贮存与运输难度大

食用农产品的季节性和区域性要求贮存与合理和运输及时，反映出食用农产品贮存与运输具有难度相对较大，要求相对较高的特点，稍有不慎即可能造成食用农产品安全事故。例如，夏季高温高湿，食用农产品贮存不当极易发生害虫危害或雨湿发霉。这就要求生产经营者要科学贮存食用农产品，以免因虫害或变质而影响食用。又如，不同地区气候、水土等自然条件存在差异，适宜种养不同的食用农产品品种，为保证不同地区不同产品的质量和安全，就需要食用农产品的运输及时。例如，贮存的地点大多是在仓库，而仓库害虫种类多、繁殖力强、传播快，一旦发生，就会很快蔓延。一些企业仓库存在产品混堆、混放，卫生条件不良等问题，给害虫危害造成可乘之机。这就要求对仓库进行合理规划，严密苫盖，建立健全管理制度，对仓库实施规范化管理等工作。

2. 技术要求高

易腐性是食用农产品与普通商品的最大区别，防腐、保鲜是对其最基本的要求。食用农产品的生物学特性则要求储运过程中有温度控制，有适合包装，如果不能解决防腐、保鲜问题，其货架期和市场半径将受很大限制，同时还会产生很高的损耗率。所以，贮存、运输、防腐和保鲜技术是影响贮存与运输环节食用农产品质量和安全的关键，先进技术普及应用程度是一个国家食用农产品贮存与运输发达程度的重要标志之一。

3. 资产专用性较高

在食用农产品贮存与运输过程中，为了支持特定的储运功能，完成特定的交易，储运主体必须进行一些耐久性的投资，于是产生了资产专用性，它包括了所有类型的专用性资产。如在地点专用性方面，专门的贮存仓库、配送中心、为完成某项特定的储运功能而设立的业务网点等；在专用性实物资产方面，有专门的运输车辆、装卸搬运设备、保鲜设备等，还有定制的系统信息的功能；人力资本在这一领域也体现出典型的专用性。

三、我国食用农产品贮存与运输的途径、主体、数量和形式

1. 贮存与运输的途径

目前，我国食用农产品的贮存与运输途径主要经过农户—中间代理—产地批发商—销地批发商—零售商—消费者这一供应链进行实体流动。

2. 贮存与运输的主体

食用农产品贮存与运输供应链上的每个环节都是一个贮存与运输主体。我国农户主体主要以分散经营的个体农户为主，但一些经济发达地区也有一些规模经营的农户联合体；中间代理环节的主体比较多样化，既有各种类型的合作组织（包括政府主导和自发组织的各种专业协会），也有各种不同规模的私营收购代理

公司；产地批发商和销地批发商的主体主要是以各种农产品批发市场为核心的购销商群体；目前我国食用农产品在零售环节的情况最复杂，包括各种农贸市场、大小规模的超市及综合性的零售店和地摊销售等，而食用农产品的贮存与运输在这一环节也最为复杂。

3. 贮存与运输的数量

食用农产品的数量同市场化程度直接相关。我国食用农产品的贮存与运输数量巨大，据测算，每年大约有 4 亿吨食用农产品要通过市场化流通。

4. 贮存与运输的形式

（1）以农村经纪人和运销队伍为主体的贩运型　其特点是农民有积极性、自主性、灵活性，但贮存与运输的组织化、规模化程度低，比较分散，产品质量不确定性因素多，安全系数不高。

（2）以龙头企业为组织的贮存与运输形式　其特点是以食用农产品加工企业为载体，企业与农户之间建立产销关系，能够保证流转食用农产品数量的稳定。但食用农产品的来源存在不确定性，安全性也难以保证。

（3）以食用农产品批发市场为龙头　其特点是通过培育市场，形成产品集散、信息发布、价格形成中心，以大市场带动大流通。食用农产品运输能力强大，产品质量相对稳定，但是档次低，缺乏必要的硬件设施，贮存能力弱。

其他还有以连锁超市为龙头的生产基地及联合采购型等。

第二节　食用农产品贮存与运输现状和问题

一、我国的食用农产品贮存与运输现状

1. 我国的食用农产品贮存形式多样、历史悠久

我国的食品储存技术历史悠久。例如，西藏的风干肉是一种传统的贮存食品，每年年底，当气温在零度以下时，藏民们将牛羊肉割成小条，挂在阴凉处自然风干，到来年二、三月份便可食用。经过风干之后，肉质松脆，口味独特。

泡菜是一种贮存蔬菜的技术，在民间广为流传。我国最早的诗集《诗经》中有“中田有庐，疆场有瓜是剥是菹，献之皇祖”的诗句。庐和瓜是蔬菜，“剥”和“菹”是腌渍加工的意思。据汉许镇《说文解字》解释“菹菜者，酸菜也”。《商书．说明》记载有“欲作和羹，尔惟盐梅”。这说明在 3 100 多年前的商代武丁时期，我国劳动人民就已经开始制作泡菜。由于它制作简单、不限时令、利于

储存、搬运方便，又能调剂余缺、保存营养，因此深受广大人民喜爱，泡菜的制作传统也得以一直延续和发扬光大。

腊肉是湖北、湖南、四川等地的特产，每年冬腊月是制作腊肉的好时机，把鲜肉用食盐配以一定比例的花椒、大茴、八角、桂皮、丁香等香料，腌入缸中。七至十五天后，用棕叶绳索串挂起来，滴干水，进行加工制作。选用柏树枝、甘蔗皮、椿树皮或柴草火慢慢熏烤，然后挂起来用烟火慢慢熏干而成，或挂于烧柴火的灶头顶上，或吊于烧柴火的烤火炉上空，利用烟火慢慢熏干。腊肉的防腐能力强，久放不坏，便于存放和运送。

2. 我国食用农产品贮存与运输规模大

随着人民生活水平的提高，城乡居民对食用农产品的需求水平不断提高，对食用农产品的购买量呈上升趋势，目前我国的食用农产品储运总额在 1 万亿元人民币以上，其中水果和蔬菜占 70%以上。

3. 食用农产品贮存与运输技术逐步发展

近年来我国食用农产品储运技术得到明显提高，贮藏病害防治技术、运输技术、薄膜自然气调保鲜技术、保鲜剂、制冷与人工气调技术等在储运环节中已有广泛应用，利用自然冷源的北方各种节能通风冷藏库（窖）在食用农产品贮藏中起到了重要的作用。随着食用农产品产量的迅速增加和农村经济的发展，储运技术对南北、东西大流通和季产年销的市场格局的影响越来越大。例如，双汇“冷链生产、冷链配送、冷链销售、连锁经营”的肉类产销模式，改变了我国几千年来沿街串巷、设摊卖肉的做法，用现代物流和先进的连锁商业模式，实现了对传统屠宰加工业的结构调整和产业升级，结束了我国生鲜肉类没有品牌的时代，开创了中国肉类品牌。通过设立双汇肉类连锁店，开辟了商业连锁、商场超市、农贸批发、团购、加工厂五大销售渠道，配套投资建设了物流配送中心，配备了充足的冷藏运输车辆和配套设施，保证运输过程冷链不中断，确保产品从出厂到销售整个过程的安全。

4. 贮存与运输环节损耗较高

由于我国食用农产品的贮存与运输主要以常温物流或自然物流形式为主，设施功能不全，缺乏对产品的保鲜、装卸、储运、品级分类等商品化处理程序，导致食用农产品在流通过程中损耗过大，流通成本过高。例如，由于缺乏完善的冷链，鲜销食用农产品保鲜期短，极易腐烂变质，一些鲜活产品售价中甚至有高达七成是用来补偿物流过程中损失的货物价值。与发达国家相比，我国水果、蔬菜等食用农产品在采摘、贮存与运输等流通环节的损失率达 25%～30%，其中，在运送过程中腐烂的果蔬每年就有 3.7 万吨，可供养 2 亿人生活，而发达国家在贮存与运输过程中能够把水果、蔬菜损失率控制在5%以下。

5. 贮存与运输方式粗放

我国食用农产品多以自然形态运销，80%～90%的水果、蔬菜、禽肉、水产品在露天而非冷库和保温场所装车，用普通卡车敞开式运输，一般用帆布或者塑料布简单覆盖，或用棉被作为保温材料。裸露、非冷藏的粗放储运方式，增加了运输、分销、零售以及多次装卸过程中对食用农产品二次污染的机会。而且运输过程中存在着大量的重复运输、迂回运输、回程车空驶等现象，造成了很大的资源浪费、运输成本高。例如蔬菜的储运，大多是毛菜上市，把蔬菜上的根须、老叶等不能食用的部分也一起储运，一些蔬菜还携带泥土，增加了运输量。有测算表明，每100吨毛菜的销售大约产生20吨的垃圾，这既增加了运输成本，又影响了产品外观和质量，而且这些废弃物易腐败变质，滋生细菌、繁殖蚊蝇，污染环境。

二、我国食用农产品贮存与运输存在的问题

1. 贮存与运输设施和技术落后

目前，我国大宗食用农产品仍然以田间堆放、简单分级包装或混装、在常温下运输，贮存与运输设施和技术落后导致贮存与运输过程损耗严重，降低了食用安全性。由于食用农产品具有含水量高、保鲜期短、极易腐烂变质等生物性能，因此，对运输效率和贮存条件提出了很高的要求。目前，我国食用农产品的贮存与运输是以常温贮存、自然运输形式为主，食用农产品在贮存与运输过程中损失巨大。据统计，我国每年有数以10万吨计的蔬菜、水果在运送路上腐烂，如此之多的食用农产品足可以满足2亿人的生活之需。由于我国贮存和运输基础投入不足，致使食用农产品在流通过程中损耗严重，效益难以提高。

2. 管理水平低下

据统计，我国目前有各类食用农产品批发市场5 000多家，但具备一定规模的市场数量有限，批发市场的管理缺乏相关法律法规的约束，标准化程度低，食用农产品的检疫监测手段不完善，带来了食品安全的隐患。

3. 缺乏具有专业技术知识的人才

目前，我国虽然已经有几十所高校开设食品专业，但大多侧重于食品生产、加工，食用农产品贮存与运输方面的人才匮乏。食用农产品贮存与运输并不是简单的运输，需要一定的专业知识，如速冻鱼、肉、新鲜水果、新鲜蔬菜的贮存与运输等。物流专业人才被列为我国12类紧缺人才之一，而食用农产品贮存与运输的相关专业人才更为缺乏。因此，加快现代物流人才的培养，特别是加快食用

农产品贮存与运输方向的物流人才培养十分关键，对食用农产品的产业发展至关重要。

4. 食用农产品贮存与运输的社会化和市场化程度低

我国农业生产方式以一家一户的小生产为基础，组织化程度低，农民呈无组织分散状态进入市场，缺乏市场竞争力和自我保护能力，分散的生产经营方式与要求专业化分工的现代农产品产业体系不匹配。食用农产品贮存与运输市场中介组织发育幼稚，服务功能不强，统一作业服务的种类有限，产前的信息指导，产后的流通加工、贮藏、运输等服务远没有很好地开展起来。整个农村市场体系不健全，土地、劳动力、科技、金融、信息等要素市场还未真正形成。

5. 食用农产品贮存与运输成本偏高

据统计，我国食用农产品贮存与运输成本一般占产品总成本的30%～40%，鲜活产品则占60%以上。而一些农业发达国家，如美国、加拿大以及欧盟国家的某些食用农产品的到岸价低于我国食用农产品的产价，其主要原因在于我国食用农产品在贮存、运输等环节中的成本过高。多数长途贩运的食用农产品是以初级形态为主，食用农产品物流结构中，低附加值产品居多。

6. 信息不畅，难以应对市场变化

食用农产品贮存与运输的信息化程度与食用农产品贮存与运输的效率和效益有着密切的关系。信息贯穿于始终，从产前、产中到产后，在每一个阶段、每一个环节的信息都应及时进行处理。目前，我国农业信息网络不健全，农户居住分散，沟通渠道不畅，市场供求信息不能快速传递，农户获得市场信息的成本偏高。由于缺乏有效的信息导向，农资、食用农产品运输和流动具有盲目性，难以应对市场需求的变化。

第三节　食用农产品贮存与运输安全监管对策

我国食用农产品贮存与运输的规范工作刚刚起步，随着现代化农业的进一步发展，这一环节的产业链将逐渐形成规模。目前，我国在借鉴西方发达国家先进经验的同时，正逐步加强食用农产品贮存与运输环节的监管力量。

一、国外食用农产品贮存与运输现状

1. 美国食用农产品贮存与运输现状

美国拥有一个庞大、通畅、复合、高效的食用农产品贮存与运输体系，居于

世界领先地位。

（1）优良的食用农产品贮存与运输基础设施　美国的交通运输设施十分完备，储运设备的机械化水平高。公路、铁路、水运四通八达，高速公路遍布城乡，公路呈网状结构，能够直接通往乡村的每家每户。通信设施和网络发达，拥有发达的农业信息流基础。芝加哥期货交易所是农产品各市场主体了解市场行情，获取价格变化信息的直接窗口。各种农业网站和信息咨询公司也为农民了解信息提供了方便途径。

（2）食用农产品储运社会化程度高　美国已经建立起完善的社会化服务体系，无论储运的哪个环节，只要农民有需要，就会有人提供服务。连接食用农产品供需的储运主体主要是农场主参加的销售合作社、政府的农产品信贷公司、农商联合体、产地市场或中央市场的批发商、零售商、代理商、储运商和期货投机商等，他们一般规模较大，承担了全美食用农产品的运输、保管、装卸搬运和信息传递等功能。

（3）政府发挥积极的调控作用　美国政府对农民生产不直接干涉，但对公共领域却有严格而有力的规范性措施，政府提供权威性的信息服务，农业部有10万人分布于全国各地，农业统计系统对各农场每一块耕地上所种植的作物品种、面积、长势、产量都了如指掌，所获取的信息经过汇总处理，由政府定期发布，指导农户生产经营。

（4）先进的技术体系支撑　美国逐步形成了以信息技术为核心，以储运技术、保鲜技术等专业技术为支撑的现代化储运体系，大大降低了食用农产品在贮存与运输过程中的损耗率。例如，美国果蔬物流，整个环节的损耗率仅为1%～2%。

2. 日本食用农产品贮存与运输现状

日本是一个人多地少的国家，农业生产与我国相似，都是一家一户的小规模经营生产，但日本的食用农产品贮存与运输行业却走在世界前列。

（1）建设和完善基础设施　日本从本国国情出发，着力于本国的物流现代化建设，在大中城市、港口、主要公路枢纽对物流设施用地进行了合理规划，在全国范围内开展包括高速公路网、新干线铁路运输网、沿海港湾设施、航空枢纽港、流通聚集地在内的各种基础设施建设，这为食用农产品的输出和输入奠定了良好的基础。

（2）政府发挥积极推动作用　日本政府在食用农产品贮存与运输上的职能主要是制定法律、法规，提供公共物品和公共服务。政府不直接干预微观经济发展进程，政府的经济管理行为以产业政策和法律法规为准绳，旨在为市场主体创造公平竞争的环境，从宏观上协调社会与经济发展。如为了稳定市场，日本政府制定各种法令，加强指导与监督，如《批发市场法》《蔬菜生产销售安定法》等。此外，还建立了高效、综合的农业管理体制，在国家宏观调控的高层次中，对有关部门进行协调，建立一个跨部门的机构，负责解决农、工、商各部门之间的政策协调问题。

（3）加强食用农产品批发市场的硬件设施建设　日本的食用农产品批发市场具有设立规范化、运作系统化、管理严格化的特点，在食用农产品贮存与运输环节中发挥了重要的作用。所有的批发市场都配备完善的保管设施、冷风冷藏设施、配送设施、装卸设施等，同时，还建立了高效的计算机网络平台，形成了食用农产品储运中心，功能强大，吸引大型连锁超市进场，和批发商共同参与交易。

（4）农业协会发挥重要作用　日本农业协会管理制度比较规范，是根据1974年日本国会通过的《农业协同组织法》，由单个农户自愿联合组织起来的群众经济组织，是一个拥有强大经济力量的遍及全国的民办官助的农民经济团体。农业协会是食用农产品进入流通领域的关键环节，它利用自己的组织系统和协会拥有的保鲜、加工、包装、运输、信息网络等现代化优势，将食用农产品集中起来，进行统一销售，降低了单个农户的市场风险，担当了生产者与批发商之间的产地中介，在食用农产品的贮存与运输环节发挥了巨大的作用。

二、国外食用农产品贮存与运输的特点

1. 食用农产品流通组织力量强大

一个畅通的流通体系对食用农产品贮存与运输来说是非常重要的。美国的农业早就实现了高度的产业化，其食用农产品流通体系（包括贮存与运输体系）非常发达，流通组织的形式多种多样，且功能十分完备。主要的食用农产品流通组织有各种私商（主要包括批发商、零售商、代理商、经纪人和农产品加工商等）、农场主参加的各种专业销售合作社、民间协会、农业公司和政府农产品信贷公司，其中私商是农产品流通的主体，约占销售总额的60%。欧盟食用农产品流通组织主体主要是流通合作社，流通合作社在食用农产品流通中起到了巨大的作用。如，法国的流通合作社的营业额占到全法国的一半以上；丹麦出口300多万吨农产品，其中3/4的出口量是由合作社完成的。日本食用农产品流通的主体是农业协会。日本农业协会利用自己的组织系统，将农民生产的农产品集中起来进行销售，使农产品销售过程合理化，提高了流通效率。

2. 食用农产品贮存与运输技术先进

贮存技术和运输能力是制约食用农产品贮存与运输质量的主要因素。“新鲜”是鲜销食用农产品的生命和价值所在。由于大部分食用农产品的自然特性，如含水量高，保鲜期短，受气候影响大，因此极易腐烂变质，从而会大大限制运输范围和交易时间，同时造成食用农产品在运输过程中的高损耗，增加了食用农产品贮存与运输从业者的成本，从而也提高了食用农产品在销地的价格。现代人对生活质量的追求不断提高，对食用农产品新鲜度的要求也不断提高，因此就对食用农产品运输效率和流通过程中的保鲜条件提出了更高的要求。

例如，美国的蔬菜和水果物流最为典型，产品可以一直处于采摘后生理需要的低温状态，并形成一条冷冻链：田间采后预冷→冷库→冷藏车运输→批发站冷库→超市冷柜→消费者冰箱，水果和蔬菜在物流环节的损耗率仅有1%～2%。荷兰发达的食用农产品贮存能力也与其先进的冷冻技术水平分不开。日本在港口码头附近设有加工工厂，在从其他国家进口的食用农产品到达港口之后，马上进入加工工厂进行加工保护，然后运送到超市或者直接运到居民家里，在这个过程中食用农产品的附加值和安全性大大增加。

3. 食用农产品物流人才素质高

在食用农产品贮存与运输环节中最容易被忽视的是人的作用。随着物流业特别是食用农产品物流业的飞速发展，对从事物流业的人才的要求也越来越高。据调查，美国物流管理者中约92%的人具有学士学位，41%具有硕士学位，22%具有正式的仓储工程师、配送工程师等资格证书。德国的物流教育培训以实践为主，注重应用和实际操作。培训的形式多种多样，参加的人员十分广泛，已经形成“一条龙”的良性循环。荷兰物流专业的学术水准高，在教学中更多关注国际物流的未来发展趋势，通过各种形式的课程，使学生获得实用的物流知识和技能，荷兰从事物流业的专业人员都必须经过严格的考核，取得国家颁发的职业资格证书。法国也特别重视对物流人才的培训，他们通过初始的或服务过程中的培训，每年都培训出成千上万的物流专门技术人才，从叉车司机到物流师，再到IT网络工程师，应有尽有。因此，法国的劳动力素质较高，生产效率很高，每小时的劳动成本比其他国家要低15%～40%。

4. 政府的政策支持力度大

由于农业生产和食用农产品的特殊性，各国政府对食用农产品生产经营环节的行政作用普遍比较强。因此，食用农产品的贮存与运输需要国家在宏观上发挥调控作用，更好地规范和促进农产品物流的发展。政府发挥作用的领域包括：食用农产品贮存与运输基础设施的建设；企业改革和市场体系建设，创造良好的外部环境；规范物流市场行为，制定法律、法规，对外开放物流和配送领域。在硬件方面，发达国家和地区在食用农产品贮存与运输措施上最大的共同点是基础设施和配套设施特别发达。基础和配套设施包括交通运输网络（如铁路、公路、水运、航空货运等）、各种形式的食用农产品物流中心、配送中心和食用农产品批发市场等。完善的贮存与运输基础和配套设施使食用农产品在运输上没有任何障碍，而且提高了食用农产品运输的速度，节省了运输时间，减少了食用农产品在运输环节的损失。在软件方面，发达国家的共同点是都出台了相应的优惠政策。如美国得克萨斯州圣安东尼奥市兴建大型物流中心，该市制定了前10年免征财产税、销售税返回、对从事中转货运的企业免征财务税等一系列税收优惠政策，以吸引投资商和运输企业的进驻。荷兰政府对于建立面向全欧洲的配送中心的企业给予选址、规划及经营方面的指导，并给予一定比例的资金支持或贷款贴息。

三、加强我国食用农产品贮存与运输体系建设

1. 加强理论研究，探索新型的农业生产流通模式

为了提高食用农产品市场响应速度，保证产品的可靠性和质量，应该积极探索一些新型的农业物流的发展模式，如“公司＋生产基地＋农户”“配送中心＋农户”“加工企业＋农户”等形式。广西区田阳县果蔬配送就是一个成功的例子。该地区采用“公司＋基地＋农户”的经营模式，田州镇的菜农根据“订单”从事生产，由果蔬配送公司负责果蔬的销售，从而使田阳蔬菜成功地“走进”现代物流市场。通过物流公司，使其一头连市场（食用农产品市场和农业生产资料市场）、一头连农户，根据市场需求提供农用物资的供应、农副产品的储存、包装、流通加工、配送、销售等物流服务。

2. 培育和发展食用农产品物流组织

国家应通过体制创新，改造、培育与壮大食用农产品物流组织，使其在食用农产品物流发展中发挥重要作用。食用农产品物流组织可以有多种形式：一是以国有粮食公司、供销社为基础成立流通企业；二是大力发展各种专业合作组织，依托专业合作组织，广泛联合食用农产品生产、运输、仓储、加工、销售等方面的企业组织，完善食用农产品物流渠道，从而降低成本、提高效益；三是培植龙头企业，使之与农户、生产基地实现紧密联结，提高农产品流通效率，地方政府要围绕本地区的优势产业，积极培育有自主知识产权、产业关联度大、带动能力强、有国际竞争力的农业龙头企业，与农户共同建立多种形式的联合与合作；四是支持和发展包括个体、私营、中外合资等多种所有制形式的食用农产品物流企业。通过第三方物流的专业化运作，能减少食用农产品流通中很多不必要的中间

环节，降低流通成本，将食用农产品从农户或产品生产企业直接放到零售商的货架上，甚至是消费者的菜篮子里。此外，食用农产品第三方物流企业根据零售商的信息反馈，对农户或食用农产品生产直接下订单，可以减少农业生产的盲目性，真正实现“订单农业”。

3. 加强教育与培训，提高农业从业人员的专业技术水平

要发展现代农业物流，物流人才的培养是关键。农业物流的发展需要大量仓储、加工、配送、通信设备和计算机维护、管理等方面的专业人才。如荷兰的农业物流专业人才的教育和培训非常发达，已形成了比较合理的物流人才的教育培训系统。相比较而言，我国在农业物流方面的培训和教育还非常落后。应加大人才的培养力度，缩短与发达国家的差距。必须增加人才培养的投入，联合高等院校和研究机构，加强人才的培训工作。人才的培养可以采取正规教育、在岗培训、岗前培训相结合的方式。一方面，要扩大高等院校物流本科和研究生的招收规模，培养中高级物流人才；另一方面，有计划、有步骤地对农业物流行业在职人员开展多层次、多方面的教育和培训，提高农业从业人员的专业技术水平。在实际工作中，可以采用集中办班和分散授课等方式对农民进行培训，向广大农村群众普及现代物流知识。

4. 加大政府的支持力度，创造良好的外部环境

国家应出台相应的法规、政策鼓励农业物流的发展，规范农业物流的组织行为，建立健全农业物流体系，为农业物流的发展创造良好的外部环境，促进农业物流健康、快速地发展。同时，政府应该发挥信息引导和技术支持等服务功能。

加大交通运输等基础设施建设的投入力度。农村物流水平的提高，需要良好的基础设施建设支持。交通运输基础设施的水平直接决定物流的流转速度和效率。2010 年，我国农村公路总里程达到 185 万公里，全国具备条件的乡镇、行政村均通公路。政府应通过多种渠道和方式进行融资，加大道路交通建设的投入力度。加快铁路路基改造，增修高速公路，提高货运船只和飞机的运载能力，完善港口、码头、机场、车站等设施的建设。物流产业作为基础产业需要大量的资金投入，政府可以加大国债向农村基础设施建设的投资力度，也可以考虑采取一系列优惠政策，吸引外资和鼓励民间进行投资。

5. 推进食用农产品物流的信息化建设

信息化建设是推动农业物流发展的重要因素。农业物流信息化建设可以在原有农村经济信息系统的基础上，加强通信网络等基础设施的建设，实现资源共享、信息共用，以实现对物流各环节的实时跟踪、有效控制与全程管理。农户可以通过网络及时获取食用农产品的市场信息，利用网络完成交易，提高对市场的

响应速度，扩大食用农产品交易的市场边界。例如，荷兰通过信息化手段和电子方式，提高了信息透明度、准确度和及时性，使得农业物流供应链上的供应商、零售商、生产商、种植主通过互联网连接起来。

6. 加快食用农产品贮存与运输的标准化进程

由于农业物流种类多、差别大，因此农业物流的标准化建设工作非常重要。自我国加入 WTO 以后，标准化水平已成为决定我国出口食用农产品质量水平和竞争能力的关键因素。我国制定的农业国家标准、农业行业标准、农业地方标准仍未满足产业结构调整、质量升级和国内外流通贸易的要求。农业物流标准化体系的内容包括制定物流标准术语、计量标准、技术标准、物流作业标准，统一相关行业的技术标准和作业标准等。在包装、运输和装卸等环节，必须适应国内及国际贸易要求，积极采用国际标准或通用国家标准，大力推行和国际接轨的物流设施、设备，如托盘、货架、装卸机具、车辆、集装箱等，不断改进物流技术，采用条形码技术和标准化包装，从而实现农业物流活动的合理化。

目前，我国对食用农产品安全监管正处于快速发展阶段。有望在不久的将来，食用农产品的贮存与运输能够在监管下迅速实现规范化、标准化和现代化。

案例 6　陈化粮事件

2004 年，南昌市工商行政管理局根据群众举报在南昌深圳农产品市场一仓库内查获 8 吨陈化粮。经查实，当事人刘某趁粮食价格不断上涨之势，从丰城米贩手中以每公斤不到 0.6 元的价格购进陈化粮 8 吨，藏在南昌深圳农产品市场一仓库内，并将这些米色发黄、味道发霉的陈化粮外包装上标注“丰城市精米加工厂”和“放心大米”的字样，再销往酒店、餐馆和快店等。

相关资料：陈化粮是指长期储藏、导致黄曲霉菌超标，已不能直接作为口粮的粮食。陈化粮所含黄曲霉菌产生的黄曲霉毒素是目前发现的最强的化学致癌物（尤其易导致肝癌），黄曲霉毒素的致癌性比化学品致癌物亚硝胺类强 75 倍，且黄曲霉菌在 280℃的高温下仍然能够存活。试验表明，其致癌所需时间最短为 24 周。

案例分析：按照国家规定，一般储备粮是三年一轮换，轮换的米即陈米，经检测确定为陈化粮，陈化粮的销售处理，应采取在县级以上粮食批发市场公开拍卖的方式进行，拍卖的对象主要是酿造、饲料等工业用粮大户，陈化粮是绝对不允许直接作为口粮进行销售的。而江西南昌一些不法商贩为牟取暴利，置百姓的身体健康和生命安全于不顾，黑心贩卖国家明令禁止用于口粮的陈化粮，致使劣质米通过小饭馆流窜到了人们的餐桌上，给百姓的健康安全带来隐患。这是近年来食用农产品在储存环节上出现的典型案例。

结论：该案例给了我们两点警示：一是我国在食用农产品贮存与运输行业的监管方面存在很大漏洞，市场准入环节监管不力；二是食用农产品的储存技术落后导致食用农产品变质；三是相关从业人员素质低下，缺乏起码的职业道德。因此应着力做好以下几点：

1. 认真贯彻落实《陈化粮处理若干规定》，严格审核陈化粮购买企业资格，把好市场准入关。多开展专项调查，杜绝陈化粮事件以及类似事件死灰复燃，严厉打击陈化粮非法交易。

2. 加大食用农产品储存技术研究和相关设备设施的投入力度，提高粮食蔬菜的安全性。

3. 强化对陈化粮管理人员的监督，强化对相关从业人员的职业道德教育。

第七章　食用农产品的市场准入和消费安全

市场准入是提高食用农产品质量，保障消费安全的必要监管制度和措施。我国食用农产品主要市场供给渠道有农贸市场、农产品批发市场、农产品配送中心和超市，不同的交易方式需要制定不同的市场准入制度。近年来，全国各地纷纷进行市场准入管理的实践，为食用农产品安全保障做出了积极努力，取得了许多有价值的经验。

第一节　食用农产品的市场供给、准入和消费

一、食用农产品市场供给的现状和特点

中国是食用农产品生产消费大国，中国政府历来十分重视其生产能力的提高，把它当作一项关系社会稳定、人民安康和经济发展的大事。经过几十年的努力，我国食用农产品生产已基本上能满足国内城乡居民对食物消费数量和质量的需求。

1. 食用农产品市场供给总体现状

（1）数量稳步增长，基本满足需要　改革开放 30 多年以来，我国政府采取了一系列有利于农业和农村经济发展的政策和措施，我国的农业和农村经济发生了巨大的变化，油料、糖料、水果、蔬菜、畜牧、渔业生产也迅速发展。随着我国农业连年丰产丰收，我国粮食和其他食用农产品实现了由长期短缺到总量基本平衡、丰年有余的历史性转变。除一部分用于工业用途外，我国每年进入食品消费市场的食用农产品数量巨大。

我国政府着力解决农产品质量安全问题。早在 1992 年，我国政府就做出了大力发展高产优质高效农业的决定。经过近 10 年的努力，我国农产品质量安全

水平有了明显的提高。

(2) 产品种类丰富，质量逐步提高

①粮油产品　优质稻米生产发展迅速，按国家行业标准判定，优等品率已达到了25%以上；优质专用小麦种植面积已占小麦总种植面积的20%以上；“双低”油菜在长江中下游地区大面积种植，占油菜总面积的45%以上。

②“菜篮子”产品　蔬菜种类丰富，精细菜实现了周年供应，主要蔬菜产品中的农药残留和有毒有害物质超标率问题得到了有效控制。2002年4月，农业部组织有关技术检测机构，参照国际食品法典委员会（CAC）标准，对北京、天津、上海和深圳市及山东省寿光市生产基地、批发市场和农贸市场的蔬菜产品质量安全情况进行了抽检，蔬菜产品抽检合格率达97.7%（不合格率仅为2.3%）；北京、天津、上海和深圳市场上的蔬菜多以外地蔬菜为主，应当说，四个城市的抽检结果基本上反映了蔬菜产品的质量安全状况。精瘦猪肉、中高档牛羊肉、特种畜产品和名特优水产品等逐渐成为城市居民的日常消费食品，良种肉鸡、蛋鸡基本实现了良种化繁育、专业化生产。鲜活水产品和加工产品的质量安全水平有了较大的提高。

③果茶产品 果品花色品种增多，优质水果比例明显提高，优等品率超过三分之一，果品包装上市率大幅度增加，基本实现了周年均衡供给。

2. 食用农产品市场供给主要渠道

我国食用农产品市场发展迅速，正由农民直接零售形式逐步向中间商批量销售形式过渡。目前，食用农产品市场渠道主要有以下几种形式：

(1) 农贸市场　又称农贸自由市场、菜市场、菜市或自由市场，是指在城乡设立的可以进行自由买卖农副产品的场所，是一种传统市场，消费者接受度高，是目前食用农产品最主要的市场销售渠道。农贸市场有以下特点：一是社会办农贸市场居多。人财物投入少，场内超负荷运转，导致设施差，管理差，环境较差。二是市场开办方第一责任意识淡薄，重收费轻管理，重物管轻规范现象突出。三是市场内经营户自觉性较差，各自为政，环境维护意识差。四是政府未将其纳入半公益性范畴对待，财政投入少。五是监管难度大、存在问题多，监管部门存在畏难情绪，对农贸市场疏于监管。

(2) 农产品批发市场　是指具有一定规模的农副产品集散中心，交易以批发为主。农产品批发市场按交易内容可分为综合型批发市场和专业型批发市场；按地域类型可分为产地批发市场和销地批发市场。食用农产品和鲜活农副产品占据市场交易的绝大部分。农产品批发市场大多坐落在城乡结合部的交通节点区域，便于产品的及时批发和销售。与农贸市场相比，农产品批发市场更加注重程序化、交易形式更加规范化、管理模式更加现代化。

农产品批发市场还存在非现货交易方式。这种方式不需要把产品都集中到批发市场再分散开来，而是在交易场所签订购销合同之后，把产品按约定时间从卖方直接运到买方。这种交易方式是典型的中间商交易模式。

（3）农产品配送中心　农产品配送中心实现了产销对接，渠道短、速度快，从生产到消费之间的环节少，流通损耗和交易成本低。配送中心渠道的销售方式，可运用现代物流手段和质量标准进行科学检测、分拣、加工、冷藏、保鲜、包装，提高食用农产品的附加值，全面采用无公害生产技术、绿色食品生产技术，能够有效解决食品安全问题。

（4）超市　是典型的农产品现代市场终端渠道。目前，零售食用农产品成为大型超市的一项重要业务，特别是在大中型城市居民聚集区，有逐渐替代农贸市场的趋势。超市销售食用农产品有几个特点：一是代售食用农产品经过初步清洗、包装甚至加工；二是大型超市对进入摊位的食用农产品有较高的质量安全要求；三是超市把现代工业理念注入食用农产品生产、交易、消费的全过程，极大地促进了食用农产品的集约化生产经营。

二、食用农产品市场准入的含义

1. 市场准入的概念

市场准入，是指货物、劳务与资本进入市场程度的许可。产品市场准入，是指市场的主体产品的生产者与销售者和客体产品进入市场程度的许可。

在WTO体系中，市场准入是指关于别国产品和服务进入本国市场的规定，指在某种程度上允许别国商品和服务的进入，也就是本国市场对别国的开放程度。为保护国内企业免受进口商品的冲击，多数国家对在国际市场上没有竞争力的本国产品或行业进行保护，限制别国商品进入。采取的措施主要有两类，一是调整关税；二是设置和提高非关税壁垒，如质量标准等“绿色壁垒”。

2. 食用农产品市场准入对食品安全的影响及作用

我国在推行农业标准化过程中实行的市场准入制度，与WTO的市场准入不是一个完全相同的概念。其基本出发点是从中国的国情出发，全面提升食用农产品质量安全水平，促进标准化生产，保障消费安全，增强生产者、消费者质量意识，是实现食用农产品按质论价市场机制的重要手段。实行食用农产品市场准入制度，主要是严把市场入口的产品质量关，以市场门槛来影响食用农产品生产、加工和流通的规范。建立食用农产品市场准入制度，必须在国家法律法规允许的范围内，以保障人民消费安全，促进食用农产品生产水平为目标，制定相应的质量安全标准，确定适当的市场范围。

人们生活水平提高后，消费观念发生了根本性转变，由过去满足温饱，提升到现在更注重食用农产品的安全卫生、营养丰富、色形美观等。消费需求的提高及产品种类和数量的剧增，对食用农产品安全监管包括市场准入制度提出了新的要求。

从农产品出口角度，我国食用农产品的竞争力培育，应着力于产品的质量、组织化程度和生产经营者的诚信度等方面。近几年，我国农产品有毒有害物残留量超标严重，对参与国际市场竞争产生了巨大的负面影响。有数据显示，我国农产品出口因产品质量不达标，每年退货的农产品总金额达 70 多亿美元。虽然在劳动密集型农业产业中，我国具有劳动力成本低的优势，但由于国外“绿色壁垒”的影响，大大降低了市场竞争力。加强国内市场准入监管，进一步促进和加强对出口农产品的“准出”把关，才能有效提高食用农产品的质量水平，增强国际市场竞争力，也能减少由农产品质量引发的不必要的国际贸易争端。

从长远看，建立农产品市场准入制度，提高食用农产品的质量，在消费群体中建立消费的信心，可促进食品农产品的国内消费和对外出口，另外，市场准入与产品认证制度等结合，可实现食用农产品的优质优价，对农业增效、农民增收具有较大的促进作用。农产品生产经营效益的提高是农业可持续发展的重要基础。

3. 影响食用农产品市场准入机制的因素

(1) 传统的产品观念　我国传统的食用农产品对产品质量的要求是“可食用”。食用农产品在市场上没有完全实现优质优价，影响了生产者提高食用农产品安全质量的积极性。实现食用农产品优质优价，需要加强和细化市场准入的规范性，包括对不同质量层次标识的细化。

(2) 数量保障安全因素　我国是一个人口大国，保障食物数量供给是社会稳定的最基本要求。农产品市场准入的基点仍需考虑数量安全因素。由此形成的传统的消费观念是以可食性来衡量农产品的质量，这种标准是偏低的。

(3) 质量标准及其检测监督体系　近年来，食用农产品数量总体充足，有利于通过促进市场竞争来提高食用农产品质量。为了提高食用农产品质量，食品卫生、技术监督、工商管理等部门加强了市场监督检测；农业部门积极推进农业标准化生产和无公害农产品生产。尽管如此，国家或地方在食用农产品的商品规格、质量标准和包装上还没有形成统一要求，有的质量标准还没有建立，食用农产品应该达到怎样的产品规格质量没有明确规定。市场监督部门没有规范商品质量和市场准入的具体依据。

(4) 农业科学技术　近年来农业育种部门已经加强了食用农产品品质改良的研究，但在商品性研究方面与市场需求还有很大差距。如农产品的整齐度、外观大小、色泽等不够理想，造成农产品等级多，色泽单调，外形不适合包装等等。以黄瓜为例，现有品种瓜形太长，生产中肥水变化时容易产生弯曲。

(5) 质量衡量标准　食用农产品质量衡量标准的缺少，使得某一价格产品的质量状况难以描述，而原料产品上市交易带来的最大问题是无法进行远程交易和国际贸易。由于食用农产品商品个体间差异大，无法采用单个定价，通常以重量为单位，出售时要称重计算价格，不适合超市管理要求；另外，顾客需求各不相同，对大小不一的农产品要挑选，挑拣后货架零乱，商品损耗极大，超市经营农产品易出现亏损。

(6) 食用农产品上市形式　目前，我国农产品基本上以原料和散装形式上市交易，优劣混杂，大小不分，无包装或大袋包装，无法用标准来区分质量和等级。市场上以目测实物来判断质量，因此无法实施期货交易。当前，在交易市场，农产品以原料和散装形式交易，易造成商品破损和质量下降。

4. 食用农产品市场准入的类型和机制

从国内外开展的农产品市场准入规制情况看，食用农产品市场准入是通过有资质的认证机构或权威部门认证认定的农产品，如无公害农产品、绿色食品、有机食品等，以及经检测质量安全指标符合农产品质量安全强制性标准的农产品准予入市经营。对未经认证认定、检测检疫或经检测检疫不合格的农产品，不准上市流通，禁止经营销售或限制其用途。

食用农产品市场准入制度建设涉及多个方面，包括产地准出制度、农业投入品的准入制度、认证制度、检测制度等。产地准出和农业投入品准入是食用农产品市场准入的重要前提和基础。产品准入制度的建立，要以农业标准体系、检验检测体系、认证体系和执法体系的建设为基础，以质量档案为依据，以产业链和产业环全程管理理念为导向，以信息完全化和标识追溯为重点，逐步建立起全国统一的规范化良性市场机制。

从层次上划分，国内食用农产品市场准入类型主要有国家准入和地方准入。

(1) 食用农产品国家准入　2006 年 11 月 1 日起正式施行的《农产品质量安全法》，为农产品市场准入制度的全面建立提供了法律基础。

为了改善农产品的安全问题，农业部与国家质检总局积极推行农产品市场准入制度建设。2001 年农业部启动了“无公害食品行动计划”，计划用 8～10 年的时间，基本实现全国主要农产品生产和消费无公害。以菜、果、茶、奶等“菜篮子”产品为重点，以实施“放心菜”工程为突破口，迅速推广到粮油产品，以点带面全面推进，大力发展无公害农产品，积极发展绿色食品和有机食品生产。2002年，国家质检总局首次在米、面、食用油、酱油、醋等5类常见食品中实施了食品安全准入制度，目前正在加紧全面实施食品安全市场准入制度。

2007年1月1国家明令禁止甲胺磷、对硫磷、甲基对硫磷、久效磷和磷胺等5种高毒、高残留有机磷农药在农业生产中使用，为食用农产品农药投入品提供准入管理的依据。

从长远看，食用农产品市场国家准入制度的建设除需进一步完善国内市场制度外，针对国际市场方面也需进一步加强。

(2) 食用农产品地方准入　近年来，全国各地通过实施“放心菜”“放心肉”等工程，农产品的质量安全有了一定程度的提高，为全国农产品市场准入机制的建立提供了宝贵的经验。2002年北京市和江苏省开始在所辖范围内实行农产品市场准入制度。从2003年起，广东省内的大中型城市逐步实施农产品市场准入制度。截至目前，上海、深圳、大连、郑州等地，分别结合本地实际情况，相继出台了有关农产品市场准入的管理办法。

各地以蔬菜、畜产品等食用农产品为重点，通过建立产销衔接机制、推行农产品标志管理、建立安全农产品专销区、实行连销配送等多种方式，严把农产品市场准入关，在建立农产品质量安全全程追溯制度及市场准入制度方面进行了有益探索。特别是承担监管试点工作的八个城市，结合各地实际情况，细化了市场准入的监管方案。南京市进行了农产品质量安全IC卡监管系统建设试点，探索从生产基地——批发市场——集贸市场的全过程监管模式；北京市在推动“场地挂钩”过程中，与河北省共同开展了进京蔬菜产品质量追溯试点；上海市以建立安全优质农产品监控系统为重点，积极推动安全优质农产品监控信息系统平台建设；深圳市开展了肉品检疫检验条码管理系统试点工作。

农产品市场准入制度已经在我国大部分地区启动，食用安全无公害的农产品已成为我国消费者的首要选择，近年来我国安全农产品认证规模不断扩大、农产品质量安全检测手段日益完善对此起到主要的推动作用。

农产品检测体系已初具规模。全国已有30个省份依托现有部级质检中心建设了省级农产品质检机构；有20多个省份建立了地（市）级农产品质量安全检验检测分中心。很多地区的农产品生产基地、批发市场、农贸市场和超市都配备了必要的速测设备或自检设备，为农产品准入制度的实施牢牢地把好了关。

地区间市场准入制度建设不平衡对农产品流通造成一定的障碍。如2003年，河南省郑州市刚启动农产品市场准入制度时，由于该制度在我国尚未普及，许多外地蔬菜经销商无法出具相关证明材料，难以进入郑州市场，导致郑州市场菜价一度疯涨。

各地具体办法有所不同，如准入的产品类别和适用的市场类型各不相同，但在总体思路上采取了稳步推进、逐渐扩大的方式。这些有效的探索为全国市场准入制度统一规范提供了有益的经验。

三、食用农产品消费安全的含义

食用农产品消费是指把生产出来的食用农产品用于满足个人生活需要的行为和过程，它是农业生产过程中的一个重要环节，也是最终环节。消费环节的食用农产品安全与人民群众的生命健康直接相关，研究消费安全具有重要意义。食用农产品消费安全主要包括三个层次的含义。一是可供消费的食用农产品数量安全；二是食用农产品市场贸易安全；三是消费环节的食用农产品质量安全。本章所讲述的主要是第三个层次，即消费环节的食用农产品质量安全。

第二节　食用农产品市场准入制度和消费安全技术支持

自2002年农业部倡导实行食用农产品市场准入制度以来，我国的食用农产品市场准入政策和技术逐步形成和完善，各地相继构建了具有当地特色的市场准入制度，有力提升了食用农产品安全监管能力，而国外食用农产品市场准入政策和技术中一些先进理念和做法也值得我们借鉴。

一、我国的食用农产品市场准入制度和消费安全技术现状

我国尚没有全国范围内统一的食用农产品市场准入体制，各地在探索构建市场准入机制的过程中形成了具有各地特色的监管理念，虽然做法不同，但均有值得称道之处。

1. 将食用农产品的产品认证纳入市场准入制度

认证制度是工业化生产和市场经济发展到一定高度时市场对质量管理的要求，是质量管理的高级形式。将产品认证作为市场准入凭证能够在促进我国食用农产品认证制度发展的同时，大大提高我国食用农产品安全监管的整体水平。

我国部分省份已全面推行食用农产品市场准入制度，主要针对批发市场、农贸市场、超市、配送中心等各类市场主体销售食用农产品的经营活动进行监控，不符合国家质量安全标准的食用农产品，不得允许进入市场销售。

2. 强制施行不合格食用农产品退市制度

一些地区加强了食用农产品退市机制建设，强制不合格产品退出市场，保护广大消费者的安全。例如，湖南推行不合格农产品的责任追究和退出市场的制度，经检测发现不符合国家质量安全标准的食用农产品不得转销其他市场，要报农业或工商部门就地进行无害化处理或集中销毁，对造成危害的要追究生产者、销售者与管理者的责任。对建立对接或者签订销售合同的基地生产的食用农产品抽检不合格，至少在 3 个月内禁止该基地生产的产品进入市场销售。在湖南省全省农产品质量安全监督检查中，如销售的食用农产品质量连续 3 次超标，将对该销售市场实行警告，责令其整改，并予以公布。

3. 实行市场准入制度与产地准出制度相结合

一些地区要求食用农产品除了需要无公害农产品、绿色食品、有机农产品认证或经检测符合国家质量安全指标要求之外，还要求出具能够表明产地来源的证明。

在 2006 年，我国“多宝鱼事件”发生后，农业部和产销两地政府部门、协会、企业、经销商共同努力，积极引导，摸索出一套“产地准出和市场准入”新模式。一些严格市场准入管理的地区要求部分食用农产品的原产地加强产品准入管理。其中，大连部分多宝鱼养殖企业主承诺每批出具“三证”，即无公害农产品产地认定证书、产品认证证书和大连市产品质量监督检验所检验报告。辽宁某地多宝鱼进入北京市场统一由当地养殖协会组织管理，产品上市前 7 天由协会派专人进行抽样检测，并出具产地证明、检测报告及其他资质证明。广州市某批发市场要求每车来货具备“五证”，即养殖场所在地权威部门检测合格报告、养殖场保证书、广州本地权威部门检测合格证书、黄沙市场的检测合格证书和市场准入证。

4. 建立食用农产品追溯制度，保障消费安全

可追溯制度是控制食用农产品质量安全有效的手段，强调产品的唯一标识和全过程追踪，对实施可追溯系统的产品，在各个生产环节，可以实行 HACCP、GMP 或 ISO 9001 等质量控制方法，对整个供应链各个环节的产品信息进行跟踪与追溯，一旦发生食品安全问题，可以迅速有效地追踪到食品的源头，及时召回不合格产品，将损失降到最低。

2001 年 7 月，上海市政府颁布了《上海市食用农产品安全监管暂行办法》，提出了在流通环节建立“市场档案可溯源制”。2005 年北京市顺义区在北京市率先启动蔬菜分级包装和质量可溯源制。天津市为了确保市民购买到可靠的无公害蔬菜，实行无公害蔬菜可溯源制，推出网上无公害蔬菜订菜服务。北京市农业局

也适时在网上推出了食用农产品质量安全追溯系统。2008 年农业部举行“农垦农产品质量追溯系统建设项目”签约仪式，农业部农垦局与 15 个省级主管部门及 23 家企业签订了“农垦农产品质量追溯系统建设项目”合同。按照合同要求，农垦各项目承担企业将按照“生产可记录、信息可查询、流向可跟踪、责任可追究”的总体要求实现申报产品可追溯。2008 年 7 月石家庄市实施的《农产品市场准入实施方案》也将质量追溯制度作为监管手段，农业行政主管部门根据质量检测信息和生产者、经营者个人信息，对不合格农产品实行质量追溯。对本地农产品，农业行政主管部门直接追溯到基地和农户；对外埠农产品，由市级农业行政主管部门，以信函形式告知当地农业行政主管部门，及时索要追溯结果，并对下批次产品重点跟踪检测。

5. 实施食用农产品标识制度

2009 年 10 月 1 日，广东省颁布了《食用农产品标识管理规定》，要求标注食用农产品的名称、产地、生产日期、生产者或者销售者名称、地址、联系电话等相关信息。消费者到超市、肉菜市场购买食用农产品，都可以买到有据可循的放心产品，甚至清楚地查询青菜的采摘日期、鱼虾的捕捞日期、生猪的屠宰日期等；如果对产品不放心，可以记下生产者或销售者的联系方式，用于作追查线索。

6. 明确监管部门分工

大连市根据自身特色对有关部门的职责予以明确分工，做好农产品市场准入的监督管理工作。该市明确农村经济管理部门负责农产品进入市场前生产领域的监督管理，指导生产基地和农村产地批发市场建立健全农产品质量安全自检机制；商业部门负责商品流通领域行业管理，指导城区市场建立健全农产品质量安全自检机制；工商行政管理部门负责进入流通领域农产品质量安全的监督管理，依法查处假冒伪劣农产品以及超过国家和地方强制性质量安全标准的农产品；卫生部门负责对进入市场的农产品进行卫生安全抽查和监督；质量技术监督部门负责组织地方农业标准技术规范的制定、备案和发布工作，并会同农业等部门对标准的实施进行监管；环境保护部门负责对影响农产品质量的生产环境及污染源进行监督管理；海洋与渔业部门负责渔业水域生产环境的监督管理。

明确的分工既能使各职能部门形成监管合力，同时又能落实监管责任，敦促监管主体严格落实市场准入制度。

二、我国食用农产品市场准入机制和消费安全技术存在的问题

1. 缺乏统一标准

我国缺乏食用农产品市场准入的统一的标准，标准体系之间缺乏有效的协调机制，食品卫生和安全标准普遍存在着交叉、重复和空白的问题，导致同一产品有几个标准，检验方法不同，含量限制不同。如卫生部的《食品添加剂使用卫生标准》明确黄花菜不属于“干菜”，不能有二氧化硫残留，而质检和农业部门的标准中则规定，“干菜”包括黄花菜，且明确规定二氧化硫的残留限量是0.11 g/kg。这不仅给不法分子生产加工劣质食品以可乘之机，也给市场监管工作带来极大的困难。另外，中国的“三品”认证（无公害农产品、绿色食品、有机食品）在国际上没有得到承认。也就是说，中国没有形成一个食用农产品市场的统一规范，使得我国食用农产品在出口时受到许多国家绿色贸易壁垒的限制。中国是一个包含了多个省份的食用农产品进出口大国，但我们在食用农产品安全检测监管方面的物质投入远远少于欧盟，资金、人力及科技的投入不足使我国食用农产品安全检测认证体系建设缓慢。

2. 公众认知程度不够，缺少公众支持

我国的公众虽然对食用农产品安全问题有所重视，但是地区差异性显著，在一些经济不发达地区，消费者对食用农产品的消费一般还是优先考虑价格，而对建立食用农产品信息系统的支付意愿淡薄，这就使由政府补贴的形式所维持的食用农产品安全监管工作面临巨大的财政负担，另外，由于中国农业生产多采用小规模生产经营模式，众多的生产主体无疑加大了质量检测认证的工作量，也使统一市场准入制度存在困难。

3. 参与监管食用农产品的部门众多，职责不明，监管混乱

我国食用农产品市场准入管理机构包括农业行政部门、卫生行政部门、商务部门、质量监督部门、食品药品监管部门、环境保护部门、工商行政管理部门等。众多的监管部门各自为政，并实施各自订立的食用农产品准入标准，导致监管的法律规章多，使生产者和消费者都难以适从。监管体制不顺，有效资源未能得到充分发挥，急需加强内部资源的有效整合。虽然各地均有相关机构，但无统一的专职机构，造成职能交叉，多头管理。食用农产品市场准入体制有待进一步完善。

4. 我国的消费环节食用农产品安全隐患较多

生产加工领域中使用的化肥、农药、激素等产生的化学品一直残留至消费环节，出现了“毒米、毒菜、毒果”。尤其是不法商家，为降低成本，增加利润，

采取非法手段进行初加工和包装，如用“加丽素红”喂养鸡所产的红心鸡蛋，用硫黄熏制的土豆，用农药浸灌出的毒韭菜，用硫黄进行熏制漂白的毒桂圆，用激素催熟的草莓、猕猴桃等等。

5. 食用农产品安全事故频频发生

近年，我国食用农产品中毒事件频现。如 2001 年浙江省杭州市 60 多人因食用了含有“瘦肉精”的猪肉而中毒；广东中洋饮料有限公司为牟取暴利，非法生产，销售“瘦肉精”，造成 484 名汉源市民及学生食肉中毒；2005 年 3 月北京有关方面检测出某批号的亨氏辣椒酱中含有致癌物质“苏丹红一号”，肯德基等国内外知名企业都受到冲击；2005 年 4 月，北京多家超市发现销售注水猪肉等。

6. 消费者安全意识淡薄

部分消费者缺乏食用农产品消费安全知识，消费安全意识淡薄。如一些人在购买蔬菜时认为“有虫眼的蔬菜相比外观完整的蔬菜更安全，说明没有使用农药。”这其实是一个消费误区。蔬菜有没有虫眼并不能作为蔬菜是否安全的标志，有很多虫眼只能说明曾经有过虫害，并不能表示没有喷洒过农药。相反，一些虫眼多的蔬菜，菜农为了杀死这些害虫反而喷药会更多。所以，看蔬菜是否有农药残留不能只看它有没有虫眼。一些消费者在购买食用农产品时，不注重经销商的储存方式、保质期等基本信息，仅仅通过肉眼观察、闻气味或者用手触摸等方法来判断安全性，甚至一味注重价格便宜，这就给食用农产品消费安全带来隐患。

三、国外的食用农产品市场准入制度和消费安全技术

1. 美国的食用农产品市场准入制度和消费安全技术

（1）以科学的风险分析为基础　美国的农产品质量安全市场准入的法律、法规和政策均以科学的风险分析为基础。风险分析包括风险评估、风险管理和风险信息交流。通过风险分析，阻止潜在的不安全食品以及掺假食品进入消费领域。美国法律要求食品添加剂、兽药和农药在使用前要设定安全标准，当食用农产品中的有害物或污染物含量达到可产生显著风险时，政府就会出面干预。对于比较严重的违规行为，食品安全检验局（FSIS）将要求企业停止生产，直到达到要求，对于屡次违规且情节严重的企业，将由行政管理机构或司法机关处理。

（2）加强市场监督检查　市场销售的食用农产品，无论是本地生产的还是外地运输来的，都必须符合美国农业部（USDA）标准和所在州标准，一般各州制定的农产品标准比联邦政府制定的标准严格。

（3）通过推行各类监控计划确保国内农产品安全　美国自 1967 年起开始推行国家残留计划（NRP），由 FSIS 负责对国内和进口的肉、禽和相关食品进行检

测检验。为了防止违规残留物质进入食品供应链，FSIS根据风险评估、执法和教育等活动获得的全国范围内化学残留数据，规定了多种抽样程序，包括国内和进口残留抽样程序两大部分。国内残留抽样程序由监控计划（Monitoring Plan）、特别计划（Special Projects）、监督抽样（Surveillance Sampling）、强制检验（Enforcement Testing）等环节组成。进口残留抽样程序包括监控、增加监控、监督和探索检验，进口港对肉、家禽和蛋产品进行残留检验的随机取样，必须根据FSIS每年编制的进口残留程序进行。

2. 欧盟的食用农产品市场准入制度和消费安全技术

欧盟的食品管理机构是由欧洲委员会建立的一个独立的食品安全管理机构，由管理董事会、执行主席和职员、咨询论坛和一个科学委员会及若干个科学小组等构成。欧盟农产品质量安全法律法规体系包括技术法规、农药残留标准、有机农业条例、农产品包装、农产品进口标准以及有机食品进口标准等部分。

把食品信息可追溯系统作为食品质量安全管理的重要手段。在《欧盟食品通法》中对食品安全的具体要求、食品经营者，饲料经营者等各个主体的责任都做了明确的规定，也对可追溯性做出明确的阐述。欧盟的食品安全管理机构规定，来自第三国的类似货物与欧盟的产品适用的是同样的条款，即当第三国进口到欧盟的农产品出现有违于本经济共同体内的有关食品安全的规定时，拒绝该产品的进口。

欧盟的食品安全市场准入制度，以保护消费者健康、维护消费者利益为出发点，对食品安全的管理高效、透明、可靠。此外，欧盟各国都以科学的基础风险评估为指导，建立了统一的国家食品安全控制体系并开展食品安全风险管理。这些都可以看出欧盟的食品安全管理体系是一套成熟而健全的市场准入制度。

3. 加拿大的食用农产品市场准入制度和消费安全技术

（1）重视食用农产品全程监管　加拿大政府对食用农产品生产过程的监管十分关注，强调源头管理和过程控制。在生产阶段，重视加强监察、调查、应急措施（检疫、消除、分区管理）和产品注册；在消费阶段，加强与其他公共卫生机构合作，重视对投诉问题的调查及产品召回，及时向公众通报险情、零售食用农产品的检验成分、标签、质量等内容，加强消费者安全教育等。

（2）加强生产许可和包装标识管理　按照《加拿大农产品法》规定，食用农产品进出口和销售的场所必须经过等级评定，场所和场所内食用农产品必须接受监管。根据《加拿大消费者包装与标识法》的规定，标签是保障问题食用农产品能够及时召回，并进行质量追溯的载体，也是保障利益方知情权的证明。在加拿大，食用农产品进入市场前必须进行包装标识，注明产品品名、净重、生产者、包装者、出厂日期和有效期等信息。对不按要求包装标识的，派驻市场的农业管理部门有权对其进行警告、扣留和罚款。

4. 法国的食用农产品市场准入制度和消费安全技术

（1）推广技术法规和技术标准　法国是欧盟成员国，在整个欧盟食用农产品市场准入体系框架下，该国具有自己的食用农产品市场准入特色。法国的技术法规和技术标准的实施推广主要有法律法规、市场准入要求和合格评定三个方面，但推广形式却多种多样。除通过下属的食品检查监督机构贯彻本国的技术法规和技术标准外，技术推广机构和农民协会等也是主要的宣传、贯彻、推行力量。法国的技术推广机构由政府资助，是科研和推广、科研和生产紧密结合的重要渠道。随着农产品质量安全在全世界范围的高度重视，农业技术法规和技术标准的推广也成为农业技术推广机构的工作内容。中央和地方政府、农业行业组织和工业企业都从各自不同的角度共同参与农业技术要求和技术标准的推广和普及。

（2）积极推广食用农产品认证标签制度　法国在农业生产中积极采用欧盟和国际标准，对企业实施认证和质量标志管理制度。目前在法国影响最广的认证模式是生态农业（AB）认证，用于证明产品符合欧盟及法国有关法令规定，以精细方式种植或养殖，注重环境保护和自然界平衡，不使用杀虫剂、化肥、转基因物质，严格限制添加剂。为了使消费者识别农产品的质量，法国农业部门还制定了一套质量识别指南。例如，对于产品，使用优质标签；对于加工和合乎特定标准的产品，使用认定其符合条例的合格证书；对于特殊方式生产、符合有机农业要求的产品，使用有机产品标志；对于来自特殊产地、具有该地区典型性的产品，实行原产地命名等。

（3）严惩违规行为　严厉的惩罚措施是保证农业生产者自觉遵守农业生产规定的有效手段。在法国，食用农产品认证标志归国家所有，国家在例行检查中一旦发现认证产品出现问题，该产品的认证标志将被立即取消并通报全国，该企业永远不得再次申请认证，还将遭受严厉惩罚。

5. 日本的食用农产品市场准入制度和消费安全技术

（1）通过严格的标准实现贸易壁垒　日本农产品质量安全标准分为两类。一类是安全卫生标准，包括动植物建议、有毒有害物质残留等；另一类是质量标准。日本厚生劳动省颁布了200多个品种、1 000多个残留限量标准；农林水产省颁布了7类、351种品质规格标准。在农产品安全标准制定和修订方面，基本做法是谁主管、谁制定，并积极采用CAC（国际食品法典委员会）、OIE（世界动物卫生组织）及IPPC（国际植物保护公约）标准。2006年5月29日起，日本开始实施《食品中残留农业化学品肯定列表制度》。“肯定列表制度”（Positive list system）是日本为加强食品（包括可食用农产品）中农业化学品（包括农药、兽药和饲料添加剂）残留管理而制定的一项新制度，对734种农药、兽药及饲料添加剂设定1万多个最大允许残留标准，即所谓的“暂定标准”；对尚不能确定具体“暂定标准”的农药、兽药及饲料添加剂，将设定0.01 mg/kg的“一律标准”，国外进口到日本的食用农产品中残留物含量超过这一标准，将被禁止进口或流通。这一制度对我国向日本出口的食用蔬菜、水海产品、禽肉、畜肉等优势食用农产品产生重大影响。

（2）加强检验检测体系建设　日本政府对农产品质量安全有关环节长期给予优惠政策和资金扶持，资金主要用于农产品的质量安全检查、认证、培训和仪器设备更新添置。日本农林水产省设有行政独立的农林水产消费技术中心；在动物防疫方面设有1个本所、6个支所、17个派出机构、170个家畜保健卫生所；在植物病虫害防治方面，设有180个县级防治所。这些机构具体负责农产品质量安全检验检测、质量认证、风险评估、动植物防疫检疫及其他技术服务与指导工作。厚生劳动省在东京、横滨、神户、大阪等地设有13个口岸检验所，主要负责进口食用农产品（包括加工食品）的安全性检查，且检疫检测力度日益加强。在以往抽样检查中发现一次质量安全指标不合格的进口产品，即提高50%的检查频次；发现2次不合格的产品，实施指令性检查（每批开箱检查）。指令性检查费用一律由出口企业承担。

（3）大力开展农产品质量安全认证　日本的食用品认证是由JAS法进行调整的，日本农林水产省统一采取宽进严查的管理。JAS法明确规定，开展农产品认证基于以下4个目的：一是改善农林物资的品质；二是促进生产的合理化；三是交易的简便和公正；四是产品通过适当标识，有利于一般消费者进行选择，从而促进公共福利的提高。JAS认证包括普通JAS认证（质量保证认证）、特定JAS认证（加工工艺的认证）和有机JAS认证。如假冒JAS认证标识或标有JAS标识但产品达不到JAS标准要求的，对个人处1年监禁和100万日元的罚金；对企业法人处1亿日元的罚金。

日本还要求国内和进口的畜禽产品及水产品按照HACCP体系来生产加工，企业必须进行HACCP体系认证。《强化食品加工过程管理的临时措施法》对采用HACCP的食品加工企业给予4项支持：第一，低息贷款，2002年发放100亿日元，利息只有1.65%，偿还期达15年；第二，降低设备折旧率，厂房为7%，设备为14%；第三，减免用贷款购置的房产所得税；第四，政府进行的监督、检测经费完全实行国家预算。在日本，农产品质量认证和HACCP认证，已成为农产品质量与安全管理的重要手段，并普遍为消费者所接受，经认证的食用农产品较之未认证的食用农产品在价格上要高出很多。

（4）实行全程监管　日本推行全程质量控制，明确食品生产每一个环节的职责，加强包装标识管理，全面启动生鲜食品的原产地标识制度，为农产品建立“身份证”，其中牛及其制品已经全面实现信息可追溯。日本推动的农产品生产履历追溯制度，产品包装上附带有“履历编号”，消费者在向计算机输入该编号，便可以通过互联网直接查询得到生产这批产品的有关信息。同时加强对投入品使用管理，全面推行肥料合理使用准则，禁止使用未登记的农药、兽药，特别禁止农民在互联网上购买未在日本登记的外国农药。

四、国外食用农产品市场准入制度和消费安全技术对我们的启示

商品生产者和经营者在追逐自身利益最大化的同时，有可能带来负面社会影响，引起市场秩序混乱。回顾美国自 19 世纪以来对食品安全管理的历史可以看出，在自由竞争经济时代，也存在一段时期的混乱，我国自改革开放以来，国内实行市场经济体制已有 20 多年的时间，在这段时间里，我国的经济实力迅速增强，但是这种发展是以高耗能、高污染和高风险为代价的。

目前的食品安全事件的发生与美国等西方发达国家自由经济时代的食品问题十分相似，都是自由的市场经济环境下资本追求最大利润所导致的。这些发达国家经过一个世纪的探索已经对食品安全控制形成了一套有效的监管体系，经过制定一系列的法律法规和长期以来对食品安全问题所做的努力，已经成为世界上食品安全工作做得好的国家。我国势必也要走一条类似于美国等西方发达国家的道路，但是我国可以通过借鉴其他国家的成功经验缩短这个历程。

各个国家在农产品质量安全市场准入管理方面所采取的规制措施有所不同，但总的来说有一些共同特点，如管理部门间分工协作和高投入、为技术壁垒服务、信息公开程度高、全程可追溯等，我国可以从中得到一些启示。

1. 保障食用农产品安全越来越成为政府的重要职责

尽管发达国家的农产品管理理念认为食用农产品安全的主要责任人是生产经营者，但政府必须保障社会能够提供充足的有营养并安全的食用农产品，以满足公众需求。因此，国家必须加强农产品质量安全市场准入规制，并发挥政府的主导作用。

2. 食用农产品安全已成为维护国家权益的重要手段

在国际农产品贸易中，善于利用好绿色壁垒措施，在维护本国利益、削弱进口国产品竞争力、创造国际贸易谈判的主动权等方面具有重要作用。对此，我国政府应充分重视。

3. 加强部门间协作

发达国家在食用农产品规制的过程中，尽管体制和方法不同，但共同体现了国家层面的技术法规统一，防止了执法冲突，各部门和执行机构分工明确，责任明确，建立了部门之间协调合作机制，避免了效率低下、监管越位和缺位。我国在这方面还有许多工作要做。

4. 政府公开信息是市场准入机制的重要手段

发达国家在农产品质量安全规制过程中，普遍建立了向公众公开的信息平台，方便了消费者、生产者对相关知识和产品信息的查询，提供了社会监督的渠道。这一点对于我国目前多部门联合监督执法及增强消费者信心尤为重要。

五、推行食用农产品市场准入制度和消费安全技术的对策

1. 建立全国统一的农产品市场准入法规制度

目前，我国已在北京、上海、河北、新疆、深圳等多个省、市分别建立了食用农产品市场准入制度，但没有形成统一格局。我们所言的这种统一是指在主体资格、程序、监管、法律适用上的一致性，而对农产品质量标准可以因地域的不同而有所区别。

其次，要完善农产品市场准入制度的内容，应包括对农产品质量的检测、对市场主体资格的审查、建立农业就业资格认证制度、农产品从生产到销售的标准和技术规范、实行无公害农产品质量抽检和公开通报制度、建立蔬菜生产基地和大型农产品批发市场联网的市场信息服务体系等内容。这些都是有效地保证我国食用农产品市场健康运行和促进农业整体发展的必要措施，也是完善的市场准入制度必备的内容。

最后，要加大市场准入法律制度的透明度，其中重点是技术性规范。我国原本的农业法律、规章等所涉及的一些技术规范不公开或较原则化，已不适应透明度的要求。因此有必要完善有关技术措施制定程序和许可管理程序，增加与市场准入有关技术性措施的透明度，这样有利于市场主体更好地遵循这些程序和技术性标准，以及我们更好地遵循透明度原则。

2. 完善食用农产品可追溯制度

目前，由于历史、机构、手段等多方面的原因，我国在食用农产品生产过程中尚未建立相应的食用农产品可追溯制度，因而监管工作就难以真正落实到位。往往发生了质量安全事故，监管部门不能立刻查找出事故原因，甚至查处工作无从下手。由于没有建立食用农产品可追溯制度，而经常出现某一局部发生问题，会影响到周边食用农产品销售的现象，如一个村食用农产品出现问题，可能直接

影响到一个县、一个市甚至是一个省，真可谓是“城门失火，殃及池鱼”，给当地的经济发展和农民增收造成严重影响。因此，建立和完善食用农产品可追溯制度已成为当前食用农产品质量安全监管的当务之急。

建立完善的食用农产品可追溯制度并认真贯彻执行是保证食用农产品质量安全的重要手段，同时，对部门来说也是一项新生事物，面对以分散经营为主的食用农产品生产，需要不断地探索、创新和总结。一方面要求食用农产品生产者对生产、加工、销售等进行全程记录，并妥善保留储存各环节的完整信息；另一方面采取“化整为零”的方法，借鉴组织机构代码和居民身份证的做法，给各个农业生产加工企业、农民专业合作经济组织甚至专业农户等市场和生产主体设定各自的代码，实行食用农产品赋码上市，若出现产品质量问题，可通过其特定代码追溯到生产源头，再根据生产记录查明出现问题的原因。各类食用农产品生产者根据要求将相关信息通过网络上传，监管部门可以对各生产单位实施监控，这样既强化了监管手段，有利于提高监管效率，又可以避免“殃及池鱼”的现象发生。

3. 建立稳定的食用农产品销售渠道

建立稳定的销售渠道是保证食用农产品质量安全的有效途径，市场销售要与无公害产品和绿色产品基地、专业合作组织及批发市场建立长期的用户关系。对建立销售信誉的长期用户的产品不必检测每批产品。对数次检验不合格和以次充好的，停止其产品销售。

4. 利用现代科技手段，提高消费安全技术保障

目前，深圳市开展了肉品检疫检验条码管理系统试点工作；南京市农贸市场试行出示记录交易蔬菜的品种、数量、产地以及农药残留检测的结果等多种信息的IC卡；秦皇岛市某公司的多种蔬菜在全国各大超市实现赋码销售，消费者可通过电子监管网查询到蔬菜质量的相关信息，或通过超市终端机、电话、短信等方式了解产品的相关信息。

又如，一些地区对畜产品实行科技监管手段，如牲畜出生时带上耳标，将其基本信息输入电子标签，在日常养殖中，畜主使用手持终端，读取牲畜信息，畜主可根据此信息对其日常饮食、病史、生育史、免疫记录等进行相应的处理，并以将数据传输至后台计算机中建立牲畜档案。监管部门可以适时掌握辖区内牲畜的存栏量、幼畜购进、成畜出栏和防疫情况，为政府监管部门实施疫情控制提供依据。市场管理部门的肉类安全查询服务是在肉类进入市场时，市场监管人员可以通过该系统对准备进入市场的食品进行查验，以确定是否可以进入市场。消费者通过超市终端或手机短信的查询功能，可以根据自已购得的生鲜肉的条形码进

行查询。这些地区先行一步的工作将为我国全面推行科技监管、严把市场准入关提供样板。

5. 建立长效的监督机制

要建立健全高效的食用农产品质量安全监督管理机构和建设一支素质比较高的监督管理人员队伍。要严格规范食用农产品安全监管行为，加强区域间、地区间、内设机构间以及各职能部门的协作配合，形成工作合力和整体优势。

严格按照食用农产品安全法律法规进行监管，从源头抓起，严把市场准入关，建立健全食用农产品质量准入体系；继续完善食用农产品质量监测体系，强化对食用农产品质量的监测；积极推行食用农产品质量分类监管。同时要加强对食用农产品退市的监管，建立健全行政监管强制退市和经营者主动退市相结合的管理机制。

实施食用农产品质量安全责任追究制度，从制度上确保对食用农产品安全违法行为的打击。不仅要严惩生产和销售假冒伪劣食用农产品的“黑心”商家，还必须惩治监管不力，甚至纵容包庇不法行为的食用农产品安全监管部门及其失责成员。

构建食用农产品安全消费的举报体系。要充分利用和发挥举报体系的优势，社会举报、媒体举报、工商举报、消费者协会举报等所有可用的举报资源，建立起范围广泛的食用农产品安全举报体系；要深入企业、社区、乡村、学校，发展群众举报监督联络员，将举报体系延伸到最基层，对食用农产品安全实行群防群控，使不合格食用农产品无处藏身。

附录一 《中华人民共和国食品安全法》

中华人民共和国主席令

第九号

《中华人民共和国食品安全法》已由中华人民共和国第十一届全国人民代表大会常务委员会第七次会议于 2009 年 2 月 28 日通过，现予公布，自 2009 年 6 月 1 日起施行。

中华人民共和国主席　胡锦涛

2009 年 2 月 28 日

中华人民共和国食品安全法

（2009 年 2 月 28 日第十一届全国人民代表大会常务委员会第七次会议通过）

目　录

第一章　总　　则

第一条　为保证食品安全，保障公众身体健康和生命安全，制定本法。

第二条　在中华人民共和国境内从事下列活动，应当遵守本法：

（一）食品生产和加工（以下称食品生产），食品流通和餐饮服务（以下称食品经营）；

（二）食品添加剂的生产经营；

（三）用于食品的包装材料、容器、洗涤剂、消毒剂和用于食品生产经营的工具、设备（以下称食品相关产品）的生产经营；

（四）食品生产经营者使用食品添加剂、食品相关产品；

（五）对食品、食品添加剂和食品相关产品的安全管理。

供食用的源于农业的初级产品（以下称食用农产品）的质量安全管理，遵守《中华人民共和国农产品质量安全法》的规定。但是，制定有关食用农产品的质量安全标准、公布食用农产品安全有关信息，应当遵守本法的有关规定。

第三条　食品生产经营者应当依照法律、法规和食品安全标准从事生产经营活动，对社会和公众负责，保证食品安全，接受社会监督，承担社会责任。

第四条　国务院设立食品安全委员会，其工作职责由国务院规定。

国务院卫生行政部门承担食品安全综合协调职责，负责食品安全风险评估、食品安全标准制定、食品安全信息公布、食品检验机构的资质认定条件和检验规范的制定，组织查处食品安全重大事故。

国务院质量监督、工商行政管理和国家食品药品监督管理部门依照本法和国务院规定的职责，分别对食品生产、食品流通、餐饮服务活动实施监督管理。

第五条　县级以上地方人民政府统一负责、领导、组织、协调本行政区域的食品安全监督管理工作，建立健全食品安全全程监督管理的工作机制；统一领导、指挥食品安全突发事件应对工作；完善、落实食品安全监督管理责任制，对食品安全监督管理部门进行评议、考核。

县级以上地方人民政府依照本法和国务院的规定确定本级卫生行政、农业行政、质量监督、工商行政管理、食品药品监督管理部门的食品安全监督管理职责。有关部门在各自职责范围内负责本行政区域的食品安全监督管理工作。

上级人民政府所属部门在下级行政区域设置的机构应当在所在地人民政府的统一组织、协调下，依法做好食品安全监督管理工作。

第六条　县级以上卫生行政、农业行政、质量监督、工商行政管理、食品药品监督管理部门应当加强沟通、密切配合，按照各自职责分工，依法行使职权，承担责任。

第七条 食品行业协会应当加强行业自律，引导食品生产经营者依法生产经营，推动行业诚信建设，宣传、普及食品安全知识。

第八条 国家鼓励社会团体、基层群众性自治组织开展食品安全法律、法规以及食品安全标准和知识的普及工作，倡导健康的饮食方式，增强消费者食品安全意识和自我保护能力。

新闻媒体应当开展食品安全法律、法规以及食品安全标准和知识的公益宣传，并对违反本法的行为进行舆论监督。

第九条 国家鼓励和支持开展与食品安全有关的基础研究和应用研究，鼓励和支持食品生产经营者为提高食品安全水平采用先进技术和先进管理规范。

第十条 任何组织或者个人有权举报食品生产经营中违反本法的行为，有权向有关部门了解食品安全信息，对食品安全监督管理工作提出意见和建议。

第二章 食品安全风险监测和评估

第十一条 国家建立食品安全风险监测制度，对食源性疾病、食品污染以及食品中的有害因素进行监测。

国务院卫生行政部门会同国务院有关部门制定、实施国家食品安全风险监测计划。省、自治区、直辖市人民政府卫生行政部门根据国家食品安全风险监测计划，结合本行政区域的具体情况，组织制定、实施本行政区域的食品安全风险监测方案。

第十二条 国务院农业行政、质量监督、工商行政管理和国家食品药品监督管理等有关部门获知有关食品安全风险信息后，应当立即向国务院卫生行政部门通报。国务院卫生行政部门会同有关部门对信息核实后，应当及时调整食品安全风险监测计划。

第十三条 国家建立食品安全风险评估制度，对食品、食品添加剂中生物性、化学性和物理性危害进行风险评估。

国务院卫生行政部门负责组织食品安全风险评估工作，成立由医学、农业、食品、营养等方面的专家组成的食品安全风险评估专家委员会进行食品安全风险评估。

对农药、肥料、生长调节剂、兽药、饲料和饲料添加剂等的安全性评估，应当有食品安全风险评估专家委员会的专家参加。

食品安全风险评估应当运用科学方法，根据食品安全风险监测信息、科学数据以及其他有关信息进行。

第十四条 国务院卫生行政部门通过食品安全风险监测或者接到举报发现食品可能存在安全隐患的，应当立即组织进行检验和食品安全风险评估。

第十五条 国务院农业行政、质量监督、工商行政管理和国家食品药品监督管理等有关部门应当向国务院卫生行政部门提出食品安全风险评估的建议，并提供有关信息和资料。

国务院卫生行政部门应当及时向国务院有关部门通报食品安全风险评估的结果。

第十六条 食品安全风险评估结果是制定、修订食品安全标准和对食品安全实施监督管理的科学依据。

食品安全风险评估结果得出食品不安全结论的，国务院质量监督、工商行政管理和国家食品药品监督管理部门应当依据各自职责立即采取相应措施，确保该食品停止生产经营，并告知消费者停止食用；需要制定、修订相关食品安全国家标准的，国务院卫生行政部门应当立即制定、修订。

第十七条 国务院卫生行政部门应当会同国务院有关部门，根据食品安全风险评估结果、食品安全监督管理信息，对食品安全状况进行综合分析。对经综合分析表明可能具有较高程度安全风险的食品，国务院卫生行政部门应当及时提出食品安全风险警示，并予以公布。

第三章 食品安全标准

第十八条 制定食品安全标准，应当以保障公众身体健康为宗旨，做到科学合理、安全可靠。

第十九条 食品安全标准是强制执行的标准。除食品安全标准外，不得制定其他的食品强制性标准。

第二十条 食品安全标准应当包括下列内容：

（一）食品、食品相关产品中的致病性微生物、农药残留、兽药残留、重金属、污染物质以及其他危害人体健康物质的限量规定；

（二）食品添加剂的品种、使用范围、用量；

（三）专供婴幼儿和其他特定人群的主辅食品的营养成分要求；

（四）对与食品安全、营养有关的标签、标识、说明书的要求；

（五）食品生产经营过程的卫生要求；

（六）与食品安全有关的质量要求；

（七）食品检验方法与规程；

（八）其他需要制定为食品安全标准的内容。

第二十一条 食品安全国家标准由国务院卫生行政部门负责制定、公布，国务院标准化行政部门提供国家标准编号。

食品中农药残留、兽药残留的限量规定及其检验方法与规程由国务院卫生行政部门、国务院农业行政部门制定。

屠宰畜、禽的检验规程由国务院有关主管部门会同国务院卫生行政部门制定。

有关产品国家标准涉及食品安全国家标准规定内容的，应当与食品安全国家标准相一致。

第二十二条 国务院卫生行政部门应当对现行的食用农产品质量安全标准、食品卫生标准、食品质量标准和有关食品的行业标准中强制执行的标准予以整合，统一公布为食品安全国家标准。

本法规定的食品安全国家标准公布前，食品生产经营者应当按照现行食用农产品质量安全标准、食品卫生标准、食品质量标准和有关食品的行业标准生产经营食品。

第二十三条 食品安全国家标准应当经食品安全国家标准审评委员会审查通过。食品安全国家标准审评委员会由医学、农业、食品、营养等方面的专家以及国务院有关部门的代表组成。

制定食品安全国家标准，应当依据食品安全风险评估结果并充分考虑食用农产品质量安全风险评估结果，参照相关的国际标准和国际食品安全风险评估结果，并广泛听取食品生产经营者和消费者的意见。

第二十四条 没有食品安全国家标准的，可以制定食品安全地方标准。

省、自治区、直辖市人民政府卫生行政部门组织制定食品安全地方标准，应当参照执行本法有关食品安全国家标准制定的规定，并报国务院卫生行政部门备案。

第二十五条 企业生产的食品没有食品安全国家标准或者地方标准的，应当制定企业标准，作为组织生产的依据。国家鼓励食品生产企业制定严于食品安全国家标准或者地方标准的企业标准。企业标准应当报省级卫生行政部门备案，在本企业内部适用。

第二十六条 食品安全标准应当供公众免费查阅。

第四章 食品生产经营

第二十七条 食品生产经营应当符合食品安全标准，并符合下列要求：

（一）具有与生产经营的食品品种、数量相适应的食品原料处理和食品加工、包装、贮存等场所，保持该场所环境整洁，并与有毒、有害场所以及其他污染源保持规定的距离；

（二）具有与生产经营的食品品种、数量相适应的生产经营设备或者设施，有相应的消毒、更衣、盥洗、采光、照明、通风、防腐、防尘、防蝇、防鼠、防虫、洗涤以及处理废水、存放垃圾和废弃物的设备或者设施；

（三）有食品安全专业技术人员、管理人员和保证食品安全的规章制度；

（四）具有合理的设备布局和工艺流程，防止待加工食品与直接入口食品、原料与成品交叉污染，避免食品接触有毒物、不洁物；

（五）餐具、饮具和盛放直接入口食品的容器，使用前应当洗净、消毒，炊具、用具用后应当洗净，保持清洁；

（六）贮存、运输和装卸食品的容器、工具和设备应当安全、无害，保持清洁，防止食品污染，并符合保证食品安全所需的温度等特殊要求，不得将食品与有毒、有害物品一同运输；

（七）直接入口的食品应当有小包装或者使用无毒、清洁的包装材料、餐具；

（八）食品生产经营人员应当保持个人卫生，生产经营食品时，应当将手洗净，穿戴清洁的工作衣、帽；销售无包装的直接入口食品时，应当使用无毒、清洁的售货工具；

（九）用水应当符合国家规定的生活饮用水卫生标准；

（十）使用的洗涤剂、消毒剂应当对人体安全、无害；

（十一）法律、法规规定的其他要求。

第二十八条 禁止生产经营下列食品：

（一）用非食品原料生产的食品或者添加食品添加剂以外的化学物质和其他可能危害人体健康物质的食品，或者用回收食品作为原料生产的食品；

（二）致病性微生物、农药残留、兽药残留、重金属、污染物质以及其他危害人体健康的物质含量超过食品安全标准限量的食品；

（三）营养成分不符合食品安全标准的专供婴幼儿和其他特定人群的主辅食品；

（四）腐败变质、油脂酸败、霉变生虫、污秽不洁、混有异物、掺假掺杂或者感官性状异常的食品；

（五）病死、毒死或者死因不明的禽、畜、兽、水产动物肉类及其制品；

（六）未经动物卫生监督机构检疫或者检疫不合格的肉类，或者未经检验或者检验不合格的肉类制品；

（七）被包装材料、容器、运输工具等污染的食品；

（八）超过保质期的食品；

（九）无标签的预包装食品；

（十）国家为防病等特殊需要明令禁止生产经营的食品；

（十一）其他不符合食品安全标准或者要求的食品。

第二十九条 国家对食品生产经营实行许可制度。从事食品生产、食品流通、餐饮服务，应当依法取得食品生产许可、食品流通许可、餐饮服务许可。

取得食品生产许可的食品生产者在其生产场所销售其生产的食品，不需要取得食品流通的许可；取得餐饮服务许可的餐饮服务提供者在其餐饮服务场所出售其制作加工的食品，不需要取得食品生产和流通的许可；农民个人销售其自产的食用农产品，不需要取得食品流通的许可。

食品生产加工小作坊和食品摊贩从事食品生产经营活动，应当符合本法规定的与其生产经营规模、条件相适应的食品安全要求，保证所生产经营的食品卫生、无毒、无害，有关部门应当对其加强监督管理，具体管理办法由省、自治区、直辖市人民代表大会常务委员会依照本法制定。

第三十条 县级以上地方人民政府鼓励食品生产加工小作坊改进生产条件；鼓励食品摊贩进入集中交易市场、店铺等固定场所经营。

第三十一条 县级以上质量监督、工商行政管理、食品药品监督管理部门应当依照《中华人民共和国行政许可法》的规定，审核申请人提交的本法第二十七条第一项至第四项规定要求的相关资料，必要时对申请人的生产经营场所进行现场核查；对符合规定条件的，决定准予许可；对不符合规定条件的，决定不予许可并书面说明理由。

第三十二条 食品生产经营企业应当建立健全本单位的食品安全管理制度，加强对职工食品安全知识的培训，配备专职或者兼职食品安全管理人员，做好对所生产经营食品的检验工作，依法从事食品生产经营活动。

第三十三条 国家鼓励食品生产经营企业符合良好生产规范要求，实施危害分析与关键控制点体系，提高食品安全管理水平。

对通过良好生产规范、危害分析与关键控制点体系认证的食品生产经营企业，认证机构应当依法实施跟踪调查；对不再符合认证要求的企业，应当依法撤销认证，及时向有关质量监督、工商行政管理、食品药品监督管理部门通报，并向社会公布。认证机构实施跟踪调查不收取任何费用。

第三十四条 食品生产经营者应当建立并执行从业人员健康管理制度。患有痢疾、伤寒、病毒性肝炎等消化道传染病的人员，以及患有活动性肺结核、化脓性或者渗出性皮肤病等有碍食品安全的疾病的人员，不得从事接触直接入口食品的工作。

食品生产经营人员每年应当进行健康检查，取得健康证明后方可参加工作。

第三十五条 食用农产品生产者应当依照食品安全标准和国家有关规定使用农药、肥料、生长调节剂、兽药、饲料和饲料添加剂等农业投入品。食用农产品的生产企业和农民专业合作经济组织应当建立食用农产品生产记录制度。

县级以上农业行政部门应当加强对农业投入品使用的管理和指导，建立健全农业投入品的安全使用制度。

第三十六条 食品生产者采购食品原料、食品添加剂、食品相关产品，应当查验供货者的许可证和产品合格证明文件；对无法提供合格证明文件的食品原料，应当依照食品安全标准进行检验；不得采购或者使用不符合食品安全标准的食品原料、食品添加剂、食品相关产品。

食品生产企业应当建立食品原料、食品添加剂、食品相关产品进货查验记录制度，如实记录食品原料、食品添加剂、食品相关产品的名称、规格、数量、供货者名称及联系方式、进货日期等内容。

食品原料、食品添加剂、食品相关产品进货查验记录应当真实，保存期限不得少于二年。

第三十七条 食品生产企业应当建立食品出厂检验记录制度，查验出厂食品的检验合格证和安全状况，并如实记录食品的名称、规格、数量、生产日期、生产批号、检验合格证号、购货者名称及联系方式、销售日期等内容。

食品出厂检验记录应当真实，保存期限不得少于二年。

第三十八条 食品、食品添加剂和食品相关产品的生产者，应当依照食品安全标准对所生产的食品、食品添加剂和食品相关产品进行检验，检验合格后方可出厂或者销售。

第三十九条 食品经营者采购食品，应当查验供货者的许可证和食品合格的证明文件。

食品经营企业应当建立食品进货查验记录制度，如实记录食品的名称、规格、数量、生产批号、保质期、供货者名称及联系方式、进货日期等内容。

食品进货查验记录应当真实，保存期限不得少于二年。

实行统一配送经营方式的食品经营企业，可以由企业总部统一查验供货者的许可证和食品合格的证明文件，进行食品进货查验记录。

第四十条 食品经营者应当按照保证食品安全的要求贮存食品，定期检查库存食品，及时清理变质或者超过保质期的食品。

第四十一条 食品经营者贮存散装食品，应当在贮存位置标明食品的名称、生产日期、保质期、生产者名称及联系方式等内容。

食品经营者销售散装食品，应当在散装食品的容器、外包装上标明食品的名称、生产日期、保质期、生产经营者名称及联系方式等内容。

第四十二条 预包装食品的包装上应当有标签。标签应当标明下列事项：

（一）名称、规格、净含量、生产日期；

（二）成分或者配料表；

（三）生产者的名称、地址、联系方式；

（四）保质期；

（五）产品标准代号；

（六）贮存条件；

（七）所使用的食品添加剂在国家标准中的通用名称；

（八）生产许可证编号；

（九）法律、法规或者食品安全标准规定必须标明的其他事项。

专供婴幼儿和其他特定人群的主辅食品，其标签还应当标明主要营养成分及其含量。

第四十三条 国家对食品添加剂的生产实行许可制度。申请食品添加剂生产许可的条件、程序，按照国家有关工业产品生产许可证管理的规定执行。

第四十四条 申请利用新的食品原料从事食品生产或者从事食品添加剂新品种、食品相关产品新品种生产活动的单位或者个人，应当向国务院卫生行政部门提交相关产品的安全性评估材料。国务院卫生行政部门应当自收到申请之日起六十日内组织对相关产品的安全性评估材料进行审查；对符合食品安全要求的，依法决定准予许可并予以公布；对不符合食品安全要求的，决定不予许可并书面说明理由。

第四十五条 食品添加剂应当在技术上确有必要且经过风险评估证明安全可靠，方可列入允许使用的范围。国务院卫生行政部门应当根据技术必要性和食品安全风险评估结果，及时对食品添加剂的品种、使用范围、用量的标准进行修订。

第四十六条 食品生产者应当依照食品安全标准关于食品添加剂的品种、使用范围、用量的规定使用食品添加剂；不得在食品生产中使用食品添加剂以外的化学物质和其他可能危害人体健康的物质。

第四十七条 食品添加剂应当有标签、说明书和包装。标签、说明书应当载明本法第四十二条第一款第一项至第六项、第八项、第九项规定的事项，以及食品添加剂的使用范围、用量、使用方法，并在标签上载明“食品添加剂”字样。

第四十八条 食品和食品添加剂的标签、说明书，不得含有虚假、夸大的内容，不得涉及疾病预防、治疗功能。生产者对标签、说明书上所载明的内容负责。

食品和食品添加剂的标签、说明书应当清楚、明显，容易辨识。

食品和食品添加剂与其标签、说明书所载明的内容不符的，不得上市销售。

第四十九条 食品经营者应当按照食品标签标示的警示标志、警示说明或者注意事项的要求，销售预包装食品。

第五十条 生产经营的食品中不得添加药品，但是可以添加按照传统既是食品又是中药材的物质。按照传统既是食品又是中药材的物质的目录由国务院卫生行政部门制定、公布。

第五十一条 国家对声称具有特定保健功能的食品实行严格监管。有关监督管理部门应当依法履职，承担责任。具体管理办法由国务院规定。

声称具有特定保健功能的食品不得对人体产生急性、亚急性或者慢性危害，其标签、说明书不得涉及疾病预防、治疗功能，内容必须真实，应当载明适宜人群、不适宜人群、功效成分或者标志性成分及其含量等；产品的功能和成分必须与标签、说明书相一致。

第五十二条 集中交易市场的开办者、柜台出租者和展销会举办者，应当审查入场食品经营者的许可证，明确入场食品经营者的食品安全管理责任，定期对入场食品经营者的经营环境和条件进行检查，发现食品经营者有违反本法规定的行为的，应当及时制止并立即报告所在地县级工商行政管理部门或者食品药品监督管理部门。

集中交易市场的开办者、柜台出租者和展销会举办者未履行前款规定义务，本市场发生食品安全事故的，应当承担连带责任。

第五十三条 国家建立食品召回制度。食品生产者发现其生产的食品不符合食品安全标准，应当立即停止生产，召回已经上市销售的食品，通知相关生产经营者和消费者，并记录召回和通知情况。

食品经营者发现其经营的食品不符合食品安全标准，应当立即停止经营，通知相关生产经营者和消费者，并记录停止经营和通知情况。食品生产者认为应当召回的，应当立即召回。

食品生产者应当对召回的食品采取补救、无害化处理、销毁等措施，并将食品召回和处理情况向县级以上质量监督部门报告。

食品生产经营者未依照本条规定召回或者停止经营不符合食品安全标准的食品的，县级以上质量监督、工商行政管理、食品药品监督管理部门可以责令其召回或者停止经营。

第五十四条 食品广告的内容应当真实合法，不得含有虚假、夸大的内容，不得涉及疾病预防、治疗功能。

食品安全监督管理部门或者承担食品检验职责的机构、食品行业协会、消费者协会不得以广告或者其他形式向消费者推荐食品。

第五十五条 社会团体或者其他组织、个人在虚假广告中向消费者推荐食品，使消费者的合法权益受到损害的，与食品生产经营者承担连带责任。

第五十六条 地方各级人民政府鼓励食品规模化生产和连锁经营、配送。

第五章 食品检验

第五十七条 食品检验机构按照国家有关认证认可的规定取得资质认定后，方可从事食品检验活动。但是，法律另有规定的除外。

食品检验机构的资质认定条件和检验规范，由国务院卫生行政部门规定。

本法施行前经国务院有关主管部门批准设立或者经依法认定的食品检验机构，可以依照本法继续从事食品检验活动。

第五十八条 食品检验由食品检验机构指定的检验人独立进行。

检验人应当依照有关法律、法规的规定，并依照食品安全标准和检验规范对食品进行检验，尊重科学，恪守职业道德，保证出具的检验数据和结论客观、公正，不得出具虚假的检验报告。

第五十九条 食品检验实行食品检验机构与检验人负责制。食品检验报告应当加盖食品检验机构公章，并有检验人的签名或者盖章。食品检验机构和检验人对出具的食品检验报告负责。

第六十条 食品安全监督管理部门对食品不得实施免检。

县级以上质量监督、工商行政管理、食品药品监督管理部门应当对食品进行定期或者不定期的抽样检验。进行抽样检验，应当购买抽取的样品，不收取检验费和其他任何费用。

县级以上质量监督、工商行政管理、食品药品监督管理部门在执法工作中需要对食品进行检验的，应当委托符合本法规定的食品检验机构进行，并支付相关费用。对检验结论有异议的，可以依法进行复检。

第六十一条 食品生产经营企业可以自行对所生产的食品进行检验，也可以委托符合本法规定的食品检验机构进行检验。

食品行业协会等组织、消费者需要委托食品检验机构对食品进行检验的，应当委托符合本法规定的食品检验机构进行。

第六章 食品进出口

第六十二条 进口的食品、食品添加剂以及食品相关产品应当符合我国食品安全国家标准。

进口的食品应当经出入境检验检疫机构检验合格后，海关凭出入境检验检疫机构签发的通关证明放行。

第六十三条 进口尚无食品安全国家标准的食品，或者首次进口食品添加剂新品种、食品相关产品新品种，进口商应当向国务院卫生行政部门提出申请并提交相关的安全性评估材料。国务院卫生行政部门依照本法第四十四条的规定作出是否准予许可的决定，并及时制定相应的食品安全国家标准。

第六十四条 境外发生的食品安全事件可能对我国境内造成影响，或者在进口食品中发现严重食品安全问题的，国家出入境检验检疫部门应当及时采取风险预警或者控制措施，并向国务院卫生行政、农业行政、工商行政管理和国家食品药品监督管理部门通报。接到通报的部门应当及时采取相应措施。

第六十五条 向我国境内出口食品的出口商或者代理商应当向国家出入境检验检疫部门备案。向我国境内出口食品的境外食品生产企业应当经国家出入境检验检疫部门注册。

国家出入境检验检疫部门应当定期公布已经备案的出口商、代理商和已经注册的境外食品生产企业名单。

第六十六条 进口的预包装食品应当有中文标签、中文说明书。标签、说明书应当符合本法以及我国其他有关法律、行政法规的规定和食品安全国家标准的要求，载明食品的原产地以及境内代理商的名称、地址、联系方式。预包装食品没有中文标签、中文说明书或者标签、说明书不符合本条规定的，不得进口。

第六十七条 进口商应当建立食品进口和销售记录制度，如实记录食品的名称、规格、数量、生产日期、生产或者进口批号、保质期、出口商和购货者名称及联系方式、交货日期等内容。

食品进口和销售记录应当真实，保存期限不得少于二年。

第六十八条 出口的食品由出入境检验检疫机构进行监督、抽检，海关凭出入境检验检疫机构签发的通关证明放行。

出口食品生产企业和出口食品原料种植、养殖场应当向国家出入境检验检疫部门备案。

第六十九条 国家出入境检验检疫部门应当收集、汇总进出口食品安全信息，并及时通报相关部门、机构和企业。

国家出入境检验检疫部门应当建立进出口食品的进口商、出口商和出口食品生产企业的信誉记录，并予以公布。对有不良记录的进口商、出口商和出口食品生产企业，应当加强对其进出口食品的检验检疫。

第七章 食品安全事故处置

第七十条 国务院组织制定国家食品安全事故应急预案。

县级以上地方人民政府应当根据有关法律、法规的规定和上级人民政府的食品安全事故应急预案以及本地区的实际情况，制定本行政区域的食品安全事故应急预案，并报上一级人民政府备案。

食品生产经营企业应当制定食品安全事故处置方案，定期检查本企业各项食品安全防范措施的落实情况，及时消除食品安全事故隐患。

第七十一条 发生食品安全事故的单位应当立即予以处置，防止事故扩大。事故发生单位和接收病人进行治疗的单位应当及时向事故发生地县级卫生行政部门报告。

农业行政、质量监督、工商行政管理、食品药品监督管理部门在日常监督管理中发现食品安全事故，或者接到有关食品安全事故的举报，应当立即向卫生行政部门通报。

发生重大食品安全事故的，接到报告的县级卫生行政部门应当按照规定向本级人民政府和上级人民政府卫生行政部门报告。县级人民政府和上级人民政府卫生行政部门应当按照规定上报。

任何单位或者个人不得对食品安全事故隐瞒、谎报、缓报，不得毁灭有关证据。

第七十二条 县级以上卫生行政部门接到食品安全事故的报告后，应当立即会同有关农业行政、质量监督、工商行政管理、食品药品监督管理部门进行调查处理，并采取下列措施，防止或者减轻社会危害：

（一）开展应急救援工作，对因食品安全事故导致人身伤害的人员，卫生行政部门应当立即组织救治；

（二）封存可能导致食品安全事故的食品及其原料，并立即进行检验；对确认属于被污染的食品及其原料，责令食品生产经营者依照本法第五十三条的规定予以召回、停止经营并销毁；

（三）封存被污染的食品用工具及用具，并责令进行清洗消毒；

（四）做好信息发布工作，依法对食品安全事故及其处理情况进行发布，并对可能产生的危害加以解释、说明。

发生重大食品安全事故的，县级以上人民政府应当立即成立食品安全事故处置指挥机构，启动应急预案，依照前款规定进行处置。

第七十三条 发生重大食品安全事故，设区的市级以上人民政府卫生行政部门应当立即会同有关部门进行事故责任调查，督促有关部门履行职责，向本级人民政府提出事故责任调查处理报告。

重大食品安全事故涉及两个以上省、自治区、直辖市的，由国务院卫生行政部门依照前款规定组织事故责任调查。

第七十四条 发生食品安全事故，县级以上疾病预防控制机构应当协助卫生行政部门和有关部门对事故现场进行卫生处理，并对与食品安全事故有关的因素开展流行病学调查。

第七十五条 调查食品安全事故，除了查明事故单位的责任，还应当查明负有监督管理和认证职责的监督管理部门、认证机构的工作人员失职、渎职情况。

第八章 监督管理

第七十六条 县级以上地方人民政府组织本级卫生行政、农业行政、质量监督、工商行政管理、食品药品监督管理部门制定本行政区域的食品安全年度监督管理计划，并按照年度计划组织开展工作。

第七十七条 县级以上质量监督、工商行政管理、食品药品监督管理部门履行各自食品安全监督管理职责，有权采取下列措施：

（一）进入生产经营场所实施现场检查；

（二）对生产经营的食品进行抽样检验；

（三）查阅、复制有关合同、票据、账簿以及其他有关资料；

（四）查封、扣押有证据证明不符合食品安全标准的食品，违法使用的食品原料、食品添加剂、食品相关产品，以及用于违法生产经营或者被污染的工具、设备；

（五）查封违法从事食品生产经营活动的场所。

县级以上农业行政部门应当依照《中华人民共和国农产品质量安全法》规定的职责，对食用农产品进行监督管理。

第七十八条 县级以上质量监督、工商行政管理、食品药品监督管理部门对食品生产经营者进行监督检查，应当记录监督检查的情况和处理结果。监督检查记录经监督检查人员和食品生产经营者签字后归档。

第七十九条 县级以上质量监督、工商行政管理、食品药品监督管理部门应当建立食品生产经营者食品安全信用档案，记录许可颁发、日常监督检查结果、违法行为查处等情况；根据食品安全信用档案的记录，对有不良信用记录的食品生产经营者增加监督检查频次。

第八十条 县级以上卫生行政、质量监督、工商行政管理、食品药品监督管理部门接到咨询、投诉、举报，对属于本部门职责的，应当受理，并及时进行答复、核实、处理；对不属于本部门职责的，应当书面通知并移交有权处理的部门处理。有权处理的部门应当及时处理，不得推诿；属于食品安全事故的，依照本法第七章有关规定进行处置。

第八十一条 县级以上卫生行政、质量监督、工商行政管理、食品药品监督管理部门应当按照法定权限和程序履行食品安全监督管理职责；对生产经营者的同一违法行为，不得给予二次以上罚款的行政处罚；涉嫌犯罪的，应当依法向公安机关移送。

第八十二条 国家建立食品安全信息统一公布制度。下列信息由国务院卫生行政部门统一公布：

（一）国家食品安全总体情况；

（二）食品安全风险评估信息和食品安全风险警示信息；

（三）重大食品安全事故及其处理信息；

（四）其他重要的食品安全信息和国务院确定的需要统一公布的信息。

前款第二项、第三项规定的信息，其影响限于特定区域的，也可以由有关省、自治区、直辖市人民政府卫生行政部门公布。县级以上农业行政、质量监督、工商行政管理、食品药品监督管理部门依据各自职责公布食品安全日常监督管理信息。

食品安全监督管理部门公布信息，应当做到准确、及时、客观。

第八十三条 县级以上地方卫生行政、农业行政、质量监督、工商行政管理、食品药品监督管理部门获知本法第八十二条第一款规定的需要统一公布的信息，应当向上级主管部门报告，由上级主管部门立即报告国务院卫生行政部门；必要时，可以直接向国务院卫生行政部门报告。

县级以上卫生行政、农业行政、质量监督、工商行政管理、食品药品监督管理部门应当相互通报获知的食品安全信息。

第九章 法律责任

第八十四条 违反本法规定，未经许可从事食品生产经营活动，或者未经许可生产食品添加剂的，由有关主管部门按照各自职责分工，没收违法所得、违法生产经营的食品、食品添加剂和用于违法生产经营的工具、设备、原料等物品；违法生产经营的食品、食品添加剂货值金额不足一万元的，并处二千元以上五万元以下罚款；货值金额一万元以上的，并处货值金额五倍以上十倍以下罚款。

第八十五条 违反本法规定，有下列情形之一的，由有关主管部门按照各自职责分工，没收违法所得、违法生产经营的食品和用于违法生产经营的工具、设备、原料等物品；违法生产经营的食品货值金额不足一万元的，并处二千元以上五万元以下罚款；货值金额一万元以上的，并处货值金额五倍以上十倍以下罚款；情节严重的，吊销许可证：

（一）用非食品原料生产食品或者在食品中添加食品添加剂以外的化学物质和其他可能危害人体健康的物质，或者用回收食品作为原料生产食品；

（二）生产经营致病性微生物、农药残留、兽药残留、重金属、污染物质以及其他危害人体健康的物质含量超过食品安全标准限量的食品；

（三）生产经营营养成分不符合食品安全标准的专供婴幼儿和其他特定人群的主辅食品；

（四）经营腐败变质、油脂酸败、霉变生虫、污秽不洁、混有异物、掺假掺杂或者感官性状异常的食品；

（五）经营病死、毒死或者死因不明的禽、畜、兽、水产动物肉类，或者生产经营病死、毒死或者死因不明的禽、畜、兽、水产动物肉类的制品；

（六）经营未经动物卫生监督机构检疫或者检疫不合格的肉类，或者生产经营未经检验或者检验不合格的肉类制品；

（七）经营超过保质期的食品；

（八）生产经营国家为防病等特殊需要明令禁止生产经营的食品；

（九）利用新的食品原料从事食品生产或者从事食品添加剂新品种、食品相关产品新品种生产，未经过安全性评估；

（十）食品生产经营者在有关主管部门责令其召回或者停止经营不符合食品安全标准的食品后，仍拒不召回或者停止经营的。

第八十六条 违反本法规定，有下列情形之一的，由有关主管部门按照各自职责分工，没收违法所得、违法生产经营的食品和用于违法生产经营的工具、设备、原料等物品；违法生产经营的食品货值金额不足一万元的，并处二千元以上五万元以下罚款；货值金额一万元以上的，并处货值金额二倍以上五倍以下罚款；情节严重的，责令停产停业，直至吊销许可证：

（一）经营被包装材料、容器、运输工具等污染的食品；

（二）生产经营无标签的预包装食品、食品添加剂或者标签、说明书不符合本法规定的食品、食品添加剂；

（三）食品生产者采购、使用不符合食品安全标准的食品原料、食品添加剂、食品相关产品；

（四）食品生产经营者在食品中添加药品。

第八十七条 违反本法规定，有下列情形之一的，由有关主管部门按照各自职责分工，责令改正，给予警告；拒不改正的，处二千元以上二万元以下罚款；情节严重的，责令停产停业，直至吊销许可证：

（一）未对采购的食品原料和生产的食品、食品添加剂、食品相关产品进行检验；

（二）未建立并遵守查验记录制度、出厂检验记录制度；

（三）制定食品安全企业标准未依照本法规定备案；

（四）未按规定要求贮存、销售食品或者清理库存食品；

（五）进货时未查验许可证和相关证明文件；

（六）生产的食品、食品添加剂的标签、说明书涉及疾病预防、治疗功能；

（七）安排患有本法第三十四条所列疾病的人员从事接触直接入口食品的工作。

第八十八条 违反本法规定，事故单位在发生食品安全事故后未进行处置、报告的，由有关主管部门按照各自职责分工，责令改正，给予警告；毁灭有关证据的，责令停产停业，并处二千元以上十万元以下罚款；造成严重后果的，由原发证部门吊销许可证。

第八十九条 违反本法规定，有下列情形之一的，依照本法第八十五条的规定给予处罚：

（一）进口不符合我国食品安全国家标准的食品；

（二）进口尚无食品安全国家标准的食品，或者首次进口食品添加剂新品种、食品相关产品新品种，未经过安全性评估；

（三）出口商未遵守本法的规定出口食品。

违反本法规定，进口商未建立并遵守食品进口和销售记录制度的，依照本法第八十七条的规定给予处罚。

第九十条 违反本法规定，集中交易市场的开办者、柜台出租者、展销会的举办者允许未取得许可的食品经营者进入市场销售食品，或者未履行检查、报告等义务的，由有关主管部门按照各自职责分工，处二千元以上五万元以下罚款；造成严重后果的，责令停业，由原发证部门吊销许可证。

第九十一条 违反本法规定，未按照要求进行食品运输的，由有关主管部门按照各自职责分工，责令改正，给予警告；拒不改正的，责令停产停业，并处二千元以上五万元以下罚款；情节严重的，由原发证部门吊销许可证。

第九十二条 被吊销食品生产、流通或者餐饮服务许可证的单位，其直接负责的主管人员自处罚决定作出之日起五年内不得从事食品生产经营管理工作。

食品生产经营者聘用不得从事食品生产经营管理工作的人员从事管理工作的，由原发证部门吊销许可证。

第九十三条 违反本法规定，食品检验机构、食品检验人员出具虚假检验报告的，由授予其资质的主管部门或者机构撤销该检验机构的检验资格；依法对检验机构直接负责的主管人员和食品检验人员给予撤职或者开除的处分。

违反本法规定，受到刑事处罚或者开除处分的食品检验机构人员，自刑罚执行完毕或者处分决定作出之日起十年内不得从事食品检验工作。食品检验机构聘用不得从事食品检验工作的人员的，由授予其资质的主管部门或者机构撤销该检验机构的检验资格。

第九十四条 违反本法规定，在广告中对食品质量作虚假宣传，欺骗消费者的，依照《中华人民共和国广告法》的规定给予处罚。

违反本法规定，食品安全监督管理部门或者承担食品检验职责的机构、食品行业协会、消费者协会以广告或者其他形式向消费者推荐食品的，由有关主管部门没收违法所得，依法对直接负责的主管人员和其他直接责任人员给予记大过、降级或者撤职的处分。

第九十五条 违反本法规定，县级以上地方人民政府在食品安全监督管理中未履行职责，本行政区域出现重大食品安全事故、造成严重社会影响的，依法对直接负责的主管人员和其他直接责任人员给予记大过、降级、撤职或者开除的处分。

违反本法规定，县级以上卫生行政、农业行政、质量监督、工商行政管理、食品药品监督管理部门或者其他有关行政部门不履行本法规定的职责或者滥用职权、玩忽职守、徇私舞弊的，依法对直接负责的主管人员和其他直接责任人员给予记大过或者降级的处分；造成严重后果的，给予撤职或者开除的处分；其主要负责人应当引咎辞职。

第九十六条 违反本法规定，造成人身、财产或者其他损害的，依法承担赔偿责任。

生产不符合食品安全标准的食品或者销售明知是不符合食品安全标准的食品，消费者除要求赔偿损失外，还可以向生产者或者销售者要求支付价款十倍的赔偿金。

第九十七条 违反本法规定，应当承担民事赔偿责任和缴纳罚款、罚金，其财产不足以同时支付时，先承担民事赔偿责任。

第九十八条 违反本法规定，构成犯罪的，依法追究刑事责任。

第十章 附 则

第九十九条 本法下列用语的含义：

食品，指各种供人食用或者饮用的成品和原料以及按照传统既是食品又是药品的物品，但是不包括以治疗为目的的物品。

食品安全，指食品无毒、无害，符合应当有的营养要求，对人体健康不造成任何急性、亚急性或者慢性危害。

预包装食品，指预先定量包装或者制作在包装材料和容器中的食品。

食品添加剂，指为改善食品品质和色、香、味以及为防腐、保鲜和加工工艺的需要而加入食品中的人工合成或者天然物质。

用于食品的包装材料和容器，指包装、盛放食品或者食品添加剂用的纸、竹、木、金属、搪瓷、陶瓷、塑料、橡胶、天然纤维、化学纤维、玻璃等制品和直接接触食品或者食品添加剂的涂料。

用于食品生产经营的工具、设备，指在食品或者食品添加剂生产、流通、使用过程中直接接触食品或者食品添加剂的机械、管道、传送带、容器、用具、餐具等。

用于食品的洗涤剂、消毒剂，指直接用于洗涤或者消毒食品、餐饮具以及直接接触食品的工具、设备或者食品包装材料和容器的物质。

保质期，指预包装食品在标签指明的贮存条件下保持品质的期限。

食源性疾病，指食品中致病因素进入人体引起的感染性、中毒性等疾病。

食物中毒，指食用了被有毒有害物质污染的食品或者食用了含有毒有害物质的食品后出现的急性、亚急性疾病。

食品安全事故，指食物中毒、食源性疾病、食品污染等源于食品，对人体健康有危害或者可能有危害的事故。

第一百条 食品生产经营者在本法施行前已经取得相应许可证的，该许可证继续有效。

第一百零一条 乳品、转基因食品、生猪屠宰、酒类和食盐的食品安全管理，适用本法；法律、行政法规另有规定的，依照其规定。

第一百零二条 铁路运营中食品安全的管理办法由国务院卫生行政部门会同国务院有关部门依照本法制定。

军队专用食品和自供食品的食品安全管理办法由中央军事委员会依照本法制定。

第一百零三条 国务院根据实际需要，可以对食品安全监督管理体制作出调整。

第一百零四条 本法自 2009 年 6 月 1 日起施行。《中华人民共和国食品卫生法》同时废止。

附录二 《中华人民共和国农产品质量安全法》

中华人民共和国主席令

第四十九号

《中华人民共和国农产品质量安全法》已由中华人民共和国第十届全国人民代表大会常务委员会第二十一次会议于 2006 年 4 月 29 日通过，现予公布，自 2006 年 11 月 1 日起施行。

中华人民共和国主席　胡锦涛

2006 年 4 月 29 日

中华人民共和国农产品质量安全法

（2006 年 4 月 29 日第十届全国人民代表大会常务委员会第二十一次会议通过）

目　录

第一章 总 则

第一条 为保障农产品质量安全，维护公众健康，促进农业和农村经济发展，制定本法。

第二条 本法所称农产品，是指来源于农业的初级产品，即在农业活动中获得的植物、动物、微生物及其产品。

本法所称农产品质量安全，是指农产品质量符合保障人的健康、安全的要求。

第三条 县级以上人民政府农业行政主管部门负责农产品质量安全的监督管理工作；县级以上人民政府有关部门按照职责分工，负责农产品质量安全的有关工作。

第四条 县级以上人民政府应当将农产品质量安全管理工作纳入本级国民经济和社会发展规划，并安排农产品质量安全经费，用于开展农产品质量安全工作。

第五条 县级以上地方人民政府统一领导、协调本行政区域内的农产品质量安全工作，并采取措施，建立健全农产品质量安全服务体系，提高农产品质量安全水平。

第六条 国务院农业行政主管部门应当设立由有关方面专家组成的农产品质量安全风险评估专家委员会，对可能影响农产品质量安全的潜在危害进行风险分析和评估。

国务院农业行政主管部门应当根据农产品质量安全风险评估结果采取相应的管理措施，并将农产品质量安全风险评估结果及时通报国务院有关部门。

第七条 国务院农业行政主管部门和省、自治区、直辖市人民政府农业行政主管部门应当按照职责权限，发布有关农产品质量安全状况信息。

第八条 国家引导、推广农产品标准化生产，鼓励和支持生产优质农产品，禁止生产、销售不符合国家规定的农产品质量安全标准的农产品。

第九条 国家支持农产品质量安全科学技术研究，推行科学的质量安全管理方法，推广先进安全的生产技术。

第十条 各级人民政府及有关部门应当加强农产品质量安全知识的宣传，提高公众的农产品质量安全意识，引导农产品生产者、销售者加强质量安全管理，保障农产品消费安全。

第二章　农产品质量安全标准

第十一条　国家建立健全农产品质量安全标准体系。农产品质量安全标准是强制性的技术规范。

农产品质量安全标准的制定和发布，依照有关法律、行政法规的规定执行。

第十二条　制定农产品质量安全标准应当充分考虑农产品质量安全风险评估结果，并听取农产品生产者、销售者和消费者的意见，保障消费安全。

第十三条　农产品质量安全标准应当根据科学技术发展水平以及农产品质量安全的需要，及时修订。

第十四条　农产品质量安全标准由农业行政主管部门商有关部门组织实施。

第三章　农产品产地

第十五条　县级以上地方人民政府农业行政主管部门按照保障农产品质量安全的要求，根据农产品品种特性和生产区域大气、土壤、水体中有毒有害物质状况等因素，认为不适宜特定农产品生产的，提出禁止生产的区域，报本级人民政府批准后公布。具体办法由国务院农业行政主管部门商国务院环境保护行政主管部门制定。

农产品禁止生产区域的调整，依照前款规定的程序办理。

第十六条　县级以上人民政府应当采取措施，加强农产品基地建设，改善农产品的生产条件。

县级以上人民政府农业行政主管部门应当采取措施，推进保障农产品质量安全的标准化生产综合示范区、示范农场、养殖小区和无规定动植物疫病区的建设。

第十七条　禁止在有毒有害物质超过规定标准的区域生产、捕捞、采集食用农产品和建立农产品生产基地。

第十八条　禁止违反法律、法规的规定向农产品产地排放或者倾倒废水、废气、固体废物或者其他有毒有害物质。

农业生产用水和用作肥料的固体废物，应当符合国家规定的标准。

第十九条　农产品生产者应当合理使用化肥、农药、兽药、农用薄膜等化工产品，防止对农产品产地造成污染。

第四章 农产品生产

第二十条 国务院农业行政主管部门和省、自治区、直辖市人民政府农业行政主管部门应当制定保障农产品质量安全的生产技术要求和操作规程。县级以上人民政府农业行政主管部门应当加强对农产品生产的指导。

第二十一条 对可能影响农产品质量安全的农药、兽药、饲料和饲料添加剂、肥料、兽医器械，依照有关法律、行政法规的规定实行许可制度。

国务院农业行政主管部门和省、自治区、直辖市人民政府农业行政主管部门应当定期对可能危及农产品质量安全的农药、兽药、饲料和饲料添加剂、肥料等农业投入品进行监督抽查，并公布抽查结果。

第二十二条 县级以上人民政府农业行政主管部门应当加强对农业投入品使用的管理和指导，建立健全农业投入品的安全使用制度。

第二十三条 农业科研教育机构和农业技术推广机构应当加强对农产品生产者质量安全知识和技能的培训。

第二十四条 农产品生产企业和农民专业合作经济组织应当建立农产品生产记录，如实记载下列事项：

（一）使用农业投入品的名称、来源、用法、用量和使用、停用的日期；

（二）动物疫病、植物病虫草害的发生和防治情况；

（三）收获、屠宰或者捕捞的日期。

农产品生产记录应当保存二年。禁止伪造农产品生产记录。

国家鼓励其他农产品生产者建立农产品生产记录。

第二十五条 农产品生产者应当按照法律、行政法规和国务院农业行政主管部门的规定，合理使用农业投入品，严格执行农业投入品使用安全间隔期或者休药期的规定，防止危及农产品质量安全。

禁止在农产品生产过程中使用国家明令禁止使用的农业投入品。

第二十六条 农产品生产企业和农民专业合作经济组织，应当自行或者委托检测机构对农产品质量安全状况进行检测；经检测不符合农产品质量安全标准的农产品，不得销售。

第二十七条 农民专业合作经济组织和农产品行业协会对其成员应当及时提供生产技术服务，建立农产品质量安全管理制度，健全农产品质量安全控制体系，加强自律管理。

第五章　农产品包装和标识

第二十八条　农产品生产企业、农民专业合作经济组织以及从事农产品收购的单位或者个人销售的农产品，按照规定应当包装或者附加标识的，须经包装或者附加标识后方可销售。包装物或者标识上应当按照规定标明产品的品名、产地、生产者、生产日期、保质期、产品质量等级等内容；使用添加剂的，还应当按照规定标明添加剂的名称。具体办法由国务院农业行政主管部门制定。

第二十九条　农产品在包装、保鲜、贮存、运输中所使用的保鲜剂、防腐剂、添加剂等材料，应当符合国家有关强制性的技术规范。

第三十条　属于农业转基因生物的农产品，应当按照农业转基因生物安全管理的有关规定进行标识。

第三十一条　依法需要实施检疫的动植物及其产品，应当附具检疫合格标志、检疫合格证明。

第三十二条　销售的农产品必须符合农产品质量安全标准，生产者可以申请使用无公害农产品标志。农产品质量符合国家规定的有关优质农产品标准的，生产者可以申请使用相应的农产品质量标志。

禁止冒用前款规定的农产品质量标志。

第六章　监 督 检 查

第三十三条　有下列情形之一的农产品，不得销售：

（一）含有国家禁止使用的农药、兽药或者其他化学物质的；

（二）农药、兽药等化学物质残留或者含有的重金属等有毒有害物质不符合农产品质量安全标准的；

（三）含有的致病性寄生虫、微生物或者生物毒素不符合农产品质量安全标准的；

（四）使用的保鲜剂、防腐剂、添加剂等材料不符合国家有关强制性的技术规范的；

（五）其他不符合农产品质量安全标准的。

第三十四条　国家建立农产品质量安全监测制度。县级以上人民政府农业行政主管部门应当按照保障农产品质量安全的要求，制定并组织实施农产品质量安全监测计划，对生产中或者市场上销售的农产品进行监督抽查。监督抽查结果由国务院农业行政主管部门或者省、自治区、直辖市人民政府农业行政主管部门按照权限予以公布。

监督抽查检测应当委托符合本法第三十五条规定条件的农产品质量安全检测机构进行，不得向被抽查人收取费用，抽取的样品不得超过国务院农业行政主管部门规定的数量。上级农业行政主管部门监督抽查的农产品，下级农业行政主管部门不得另行重复抽查。

第三十五条 农产品质量安全检测应当充分利用现有的符合条件的检测机构。

从事农产品质量安全检测的机构，必须具备相应的检测条件和能力，由省级以上人民政府农业行政主管部门或者其授权的部门考核合格。具体办法由国务院农业行政主管部门制定。

农产品质量安全检测机构应当依法经计量认证合格。

第三十六条 农产品生产者、销售者对监督抽查检测结果有异议的，可以自收到检测结果之日起五日内，向组织实施农产品质量安全监督抽查的农业行政主管部门或者其上级农业行政主管部门申请复检。

采用国务院农业行政主管部门会同有关部门认定的快速检测方法进行农产品质量安全监督抽查检测，被抽查人对检测结果有异议的，可以自收到检测结果时起四小时内申请复检。复检不得采用快速检测方法。

因检测结果错误给当事人造成损害的，依法承担赔偿责任。

第三十七条 农产品批发市场应当设立或者委托农产品质量安全检测机构，对进场销售的农产品质量安全状况进行抽查检测；发现不符合农产品质量安全标准的，应当要求销售者立即停止销售，并向农业行政主管部门报告。

农产品销售企业对其销售的农产品，应当建立健全进货检查验收制度；经查验不符合农产品质量安全标准的，不得销售。

第三十八条 国家鼓励单位和个人对农产品质量安全进行社会监督。任何单位和个人都有权对违反本法的行为进行检举、揭发和控告。有关部门收到相关的检举、揭发和控告后，应当及时处理。

第三十九条 县级以上人民政府农业行政主管部门在农产品质量安全监督检查中，可以对生产、销售的农产品进行现场检查，调查了解农产品质量安全的有关情况，查阅、复制与农产品质量安全有关的记录和其他资料；对经检测不符合农产品质量安全标准的农产品，有权查封、扣押。

第四十条 发生农产品质量安全事故时，有关单位和个人应当采取控制措施，及时向所在地乡级人民政府和县级人民政府农业行政主管部门报告；收到报告的机关应当及时处理并报上一级人民政府和有关部门。发生重大农产品质量安全事故时，农业行政主管部门应当及时通报同级食品药品监督管理部门。

第四十一条 县级以上人民政府农业行政主管部门在农产品质量安全监督管理中，发现有本法第三十三条所列情形之一的农产品，应当按照农产品质量安全责任追究制度的要求，查明责任人，依法予以处理或者提出处理建议。

第四十二条 进口的农产品必须按照国家规定的农产品质量安全标准进行检验；尚未制定有关农产品质量安全标准的，应当依法及时制定，未制定之前，可以参照国家有关部门指定的国外有关标准进行检验。

第七章 法律责任

第四十三条 农产品质量安全监督管理人员不依法履行监督职责，或者滥用职权的，依法给予行政处分。

第四十四条 农产品质量安全检测机构伪造检测结果的，责令改正，没收违法所得，并处五万元以上十万元以下罚款，对直接负责的主管人员和其他直接责任人员处一万元以上五万元以下罚款；情节严重的，撤销其检测资格；造成损害的，依法承担赔偿责任。

农产品质量安全检测机构出具检测结果不实，造成损害的，依法承担赔偿责任；造成重大损害的，并撤销其检测资格。

第四十五条 违反法律、法规规定，向农产品产地排放或者倾倒废水、废气、固体废物或者其他有毒有害物质的，依照有关环境保护法律、法规的规定处罚；造成损害的，依法承担赔偿责任。

第四十六条 使用农业投入品违反法律、行政法规和国务院农业行政主管部门的规定的，依照有关法律、行政法规的规定处罚。

第四十七条 农产品生产企业、农民专业合作经济组织未建立或者未按照规定保存农产品生产记录的，或者伪造农产品生产记录的，责令限期改正；逾期不改正的，可以处二千元以下罚款。

第四十八条 违反本法第二十八条规定，销售的农产品未按照规定进行包装、标识的，责令限期改正；逾期不改正的，可以处二千元以下罚款。

第四十九条 有本法第三十三条第四项规定情形，使用的保鲜剂、防腐剂、添加剂等材料不符合国家有关强制性的技术规范的，责令停止销售，对被污染的农产品进行无害化处理，对不能进行无害化处理的予以监督销毁；没收违法所得，并处二千元以上二万元以下罚款。

第五十条 农产品生产企业、农民专业合作经济组织销售的农产品有本法第三十三条第一项至第三项或者第五项所列情形之一的，责令停止销售，追回已经销售的农产品，对违法销售的农产品进行无害化处理或者予以监督销毁；没收违法所得，并处二千元以上二万元以下罚款。

农产品销售企业销售的农产品有前款所列情形的，依照前款规定处理、处罚。

农产品批发市场中销售的农产品有第一款所列情形的，对违法销售的农产品依照第一款规定处理，对农产品销售者依照第一款规定处罚。

农产品批发市场违反本法第三十七条第一款规定的，责令改正，处二千元以上二万元以下罚款。

第五十一条 违反本法第三十二条规定，冒用农产品质量标志的，责令改正，没收违法所得，并处二千元以上二万元以下罚款。

第五十二条 本法第四十四条、第四十七条至第四十九条、第五十条第一款、第四款和第五十一条规定的处理、处罚，由县级以上人民政府农业行政主管部门决定；第五十条第二款、第三款规定的处理、处罚，由工商行政管理部门决定。

法律对行政处罚及处罚机关有其他规定的，从其规定。但是，对同一违法行为不得重复处罚。

第五十三条 违反本法规定，构成犯罪的，依法追究刑事责任。

第五十四条 生产、销售本法第三十三条所列农产品，给消费者造成损害的，依法承担赔偿责任。

农产品批发市场中销售的农产品有前款规定情形的，消费者可以向农产品批发市场要求赔偿；属于生产者、销售者责任的，农产品批发市场有权追偿。消费者也可以直接向农产品生产者、销售者要求赔偿。

第八章 附 则

第五十五条 生猪屠宰的管理按照国家有关规定执行。

第五十六条 本法自 2006 年 11 月 1 日起施行。

附录三 《农产品包装和标识管理办法》

中华人民共和国农业部令

第 70 号

《农产品包装和标识管理办法》业经 2006 年 9 月 30 日农业部第 25 次常务会议审议通过，现予公布，自 2006 年 11 月 1 日起施行。

部长 杜青林

二〇〇六年十月十七日

农产品包装和标识管理办法

第一章 总 则

第一条 为规范农产品生产经营行为，加强农产品包装和标识管理，建立健全农产品可追溯制度，保障农产品质量安全，依据《中华人民共和国农产品质量安全法》，制定本办法。

第二条 农产品的包装和标识活动应当符合本办法规定。

第三条 农业部负责全国农产品包装和标识的监督管理工作。

县级以上地方人民政府农业行政主管部门负责本行政区域内农产品包装和标识的监督管理工作。

第四条 国家支持农产品包装和标识科学研究，推行科学的包装方法，推广先进的标识技术。

第五条 县级以上人民政府农业行政主管部门应当将农产品包装和标识管理经费纳入年度预算。

第六条 县级以上人民政府农业行政主管部门对在农产品包装和标识工作中做出突出贡献的单位和个人，予以表彰和奖励。

第二章 农产品包装

第七条 农产品生产企业、农民专业合作经济组织以及从事农产品收购的单位或者个人，用于销售的下列农产品必须包装：

（一）获得无公害农产品、绿色食品、有机农产品等认证的农产品，但鲜活畜、禽、水产品除外。

（二）省级以上人民政府农业行政主管部门规定的其他需要包装销售的农产品。

符合规定包装的农产品拆包后直接向消费者销售的，可以不再另行包装。

第八条 农产品包装应当符合农产品储藏、运输、销售及保障安全的要求，便于拆卸和搬运。

第九条 包装农产品的材料和使用的保鲜剂、防腐剂、添加剂等物质必须符合国家强制性技术规范要求。

包装农产品应当防止机械损伤和二次污染。

第三章 农产品标识

第十条 农产品生产企业、农民专业合作经济组织以及从事农产品收购的单位或者个人包装销售的农产品，应当在包装物上标注或者附加标识标明品名、产地、生产者或者销售者名称、生产日期。

有分级标准或者使用添加剂的，还应当标明产品质量等级或者添加剂名称。

未包装的农产品，应当采取附加标签、标识牌、标识带、说明书等形式标明农产品的品名、生产地、生产者或者销售者名称等内容。

第十一条 农产品标识所用文字应当使用规范的中文。标识标注的内容应当准确、清晰、显著。

第十二条 销售获得无公害农产品、绿色食品、有机农产品等质量标志使用权的农产品，应当标注相应标志和发证机构。

禁止冒用无公害农产品、绿色食品、有机农产品等质量标志。

第十三条 畜禽及其产品、属于农业转基因生物的农产品，还应当按照有关规定进行标识。

第四章 监督检查

第十四条 农产品生产企业、农民专业合作经济组织以及从事农产品收购的单位或者个人，应当对其销售农产品的包装质量和标识内容负责。

第十五条 县级以上人民政府农业行政主管部门依照《中华人民共和国农产品质量安全法》对农产品包装和标识进行监督检查。

第十六条 有下列情形之一的，由县级以上人民政府农业行政主管部门按照《中华人民共和国农产品质量安全法》第四十八条、四十九条、五十一条、五十二条的规定处理、处罚：

（一）使用的农产品包装材料不符合强制性技术规范要求的；

（二）农产品包装过程中使用的保鲜剂、防腐剂、添加剂等材料不符合强制性技术规范要求的；

（三）应当包装的农产品未经包装销售的；

（四）冒用无公害农产品、绿色食品等质量标志的；

（五）农产品未按照规定标识的。

第五章 附 则

第十七条 本办法下列用语的含义：

（一）农产品包装：是指对农产品实施装箱、装盒、装袋、包裹、捆扎等。

（二）保鲜剂：是指保持农产品新鲜品质，减少流通损失，延长贮存时间的人工合成化学物质或者天然物质。

（三）防腐剂：是指防止农产品腐烂变质的人工合成化学物质或者天然物质。

（四）添加剂：是指为改善农产品品质和色、香、味以及加工性能加入的人工合成化学物质或者天然物质。

（五）生产日期：植物产品是指收获日期；畜禽产品是指屠宰或者产出日期；水产品是指起捕日期；其他产品是指包装或者销售时的日期。

第十八条 本办法自2006年11月1日起施行。

附录四 《农产品产地安全管理办法》

中华人民共和国农业部令

第 71 号

《农产品产地安全管理办法》业经 2006 年 9 月 30 日农业部第 25 次常务会议审议通过，现予公布，自 2006 年 11 月 1 日起施行。

部长 杜青林

二〇〇六年十月十七日

农产品产地安全管理办法

第一章 总 则

第一条 为加强农产品产地管理，改善产地条件，保障产地安全，依据《中华人民共和国农产品质量安全法》，制定本办法。

第二条 本办法所称农产品产地，是指植物、动物、微生物及其产品生产的相关区域。

本办法所称农产品产地安全，是指农产品产地的土壤、水体和大气环境质量等符合生产质量安全农产品要求。

第三条 农业部负责全国农产品产地安全的监督管理。

县级以上地方人民政府农业行政主管部门负责本行政区域内农产品产地的划分和监督管理。

第二章 产地监测与评价

第四条 县级以上人民政府农业行政主管部门应当建立健全农产品产地安全

监测管理制度，加强农产品产地安全调查、监测和评价工作，编制农产品产地安全状况及发展趋势年度报告，并报上级农业行政主管部门备案。

第五条 省级以上人民政府农业行政主管部门应当在下列地区分别设置国家和省级监测点，监控农产品产地安全变化动态，指导农产品产地安全管理和保护工作。

（一）工矿企业周边的农产品生产区；

（二）污水灌溉区；

（三）大中城市郊区农产品生产区；

（四）重要农产品生产区；

（五）其他需要监测的区域。

第六条 农产品产地安全调查、监测和评价应当执行国家有关标准等技术规范。

监测点的设置、变更、撤销应当通过专家论证。

第七条 县级以上人民政府农业行政主管部门应当加强农产品产地安全信息统计工作，健全农产品产地安全监测档案。

监测档案应当准确记载产地安全变化状况，并长期保存。

第三章 禁止生产区划定与调整

第八条 农产品产地有毒有害物质不符合产地安全标准，并导致农产品中有毒有害物质不符合农产品质量安全标准的，应当划定为农产品禁止生产区。

禁止生产食用农产品的区域可以生产非食用农产品。

第九条 符合本办法第八条规定情形的，由县级以上地方人民政府农业行政主管部门提出划定禁止生产区的建议，报省级农业行政主管部门。省级农业行政主管部门应当组织专家论证，并附具下列材料报本级人民政府批准后公布。

（一）产地安全监测结果和农产品检测结果；

（二）产地安全监测评价报告，包括产地污染原因分析、产地与农产品污染的相关性分析、评价方法与结论等；

（三）专家论证报告；

（四）农业生产结构调整及相关处理措施的建议。

第十条 禁止生产区划定后，不得改变耕地、基本农田的性质，不得降低农用地征地补偿标准。

第十一条 县级人民政府农业行政主管部门应当在禁止生产区设置标示牌，

载明禁止生产区地点、四至范围、面积、禁止生产的农产品种类、主要污染物种类、批准单位、立牌日期等。

任何单位和个人不得擅自移动和损毁标示牌。

第十二条 禁止生产区安全状况改善并符合相关标准的，县级以上地方人民政府农业行政主管部门应当及时提出调整建议。

禁止生产区的调整依照本办法第九条的规定执行。禁止生产区调整的，应当变更标示牌内容或者撤除标示牌。

第十三条 县级以上地方人民政府农业行政主管部门应当及时将本行政区域内农产品禁止生产区划定与调整结果逐级上报农业部备案。

第四章 产地保护

第十四条 县级以上人民政府农业行政主管部门应当推广清洁生产技术和方法，发展生态农业。

第十五条 县级以上地方人民政府农业行政主管部门应当制定农产品产地污染防治与保护规划，并纳入本地农业和农村经济发展规划。

第十六条 县级以上人民政府农业行政主管部门应当采取生物、化学、工程等措施，对农产品禁止生产区和有毒有害物质不符合产地安全标准的其他农产品生产区域进行修复和治理。

第十七条 县级以上人民政府农业行政主管部门应当采取措施，加强产地污染修复和治理的科学研究、技术推广、宣传培训工作。

第十八条 农业建设项目的环境影响评价文件应当经县级以上人民政府农业行政主管部门依法审核后，报有关部门审批。

已经建成的企业或者项目污染农产品产地的，当地人民政府农业行政主管部门应当报请本级人民政府采取措施，减少或消除污染危害。

第十九条 任何单位和个人不得在禁止生产区生产、捕捞、采集禁止的食用农产品和建立农产品生产基地。

第二十条 禁止任何单位和个人向农产品产地排放或者倾倒废气、废水、固体废物或者其他有毒有害物质。

禁止在农产品产地堆放、贮存、处置工业固体废物。在农产品产地周围堆放、贮存、处置工业固体废物的，应当采取有效措施，防止对农产品产地安全造成危害。

第二十一条 任何单位和个人提供或者使用农业用水和用作肥料的城镇垃

圾、污泥等固体废物，应当经过无害化处理并符合国家有关标准。

第二十二条 农产品生产者应当合理使用肥料、农药、兽药、饲料和饲料添加剂、农用薄膜等农业投入品。禁止使用国家明令禁止、淘汰的或者未经许可的农业投入品。

农产品生产者应当及时清除、回收农用薄膜、农业投入品包装物等，防止污染农产品产地环境。

第五章 监督检查

第二十三条 县级以上人民政府农业行政主管部门负责农产品产地安全的监督检查。

农业行政执法人员履行监督检查职责时，应当向被检查单位或者个人出示行政执法证件。有关单位或者个人应当如实提供有关情况和资料，不得拒绝检查或者提供虚假情况。

第二十四条 县级以上人民政府农业行政主管部门发现农产品产地受到污染威胁时，应当责令致害单位或者个人采取措施，减少或者消除污染威胁。有关单位或者个人拒不采取措施的，应当报请本级人民政府处理。

农产品产地发生污染事故时，县级以上人民政府农业行政主管部门应当依法调查处理。

发生农业环境污染突发事件时，应当依照农业环境污染突发事件应急预案的规定处理。

第二十五条 产地安全监测和监督检查经费应当纳入本级人民政府农业行政主管部门年度预算。开展产地安全监测和监督检查不得向被检查单位或者个人收取任何费用。

第二十六条 违反《中华人民共和国农产品质量安全法》和本办法规定的划定标准和程序划定的禁止生产区无效。

违反本办法规定，擅自移动、损毁禁止生产区标牌的，由县级以上地方人民政府农业行政主管部门责令限期改正，可处以一千元以下罚款。

其他违反本办法规定的，依照有关法律法规处罚。

第六章 附　　则

第二十七条 本办法自 2006 年 11 月 1 日起施行。

附录五 《农产品地理标志管理办法》

中华人民共和国农业部令

第11号

《农产品地理标志管理办法》业经2007年12月6日农业部第15次常务会议审议通过，现予发布，自2008年2月1日起施行。

部长 孙政才

二〇〇七年十二月二十五日

农产品地理标志管理办法

第一章 总 则

第一条 为规范农产品地理标志的使用，保证地理标志农产品的品质和特色，提升农产品市场竞争力，依据《中华人民共和国农业法》、《中华人民共和国农产品质量安全法》相关规定，制定本办法。

第二条 本办法所称农产品是指来源于农业的初级产品，即在农业活动中获得的植物、动物、微生物及其产品。

本办法所称农产品地理标志，是指标示农产品来源于特定地域，产品品质和相关特征主要取决于自然生态环境和历史人文因素，并以地域名称冠名的特有农产品标志。

第三条 国家对农产品地理标志实行登记制度。经登记的农产品地理标志受法律保护。

第四条 农业部负责全国农产品地理标志的登记工作，农业部农产品质量安全中心负责农产品地理标志登记的审查和专家评审工作。

省级人民政府农业行政主管部门负责本行政区域内农产品地理标志登记申请

的受理和初审工作。

农业部设立的农产品地理标志登记专家评审委员会，负责专家评审。农产品地理标志登记专家评审委员会由种植业、畜牧业、渔业和农产品质量安全等方面的专家组成。

第五条 农产品地理标志登记不收取费用。县级以上人民政府农业行政主管部门应当将农产品地理标志管理经费编入本部门年度预算。

第六条 县级以上地方人民政府农业行政主管部门应当将农产品地理标志保护和利用纳入本地区的农业和农村经济发展规划，并在政策、资金等方面予以支持。

国家鼓励社会力量参与推动地理标志农产品发展。

第二章 登 记

第七条 申请地理标志登记的农产品，应当符合下列条件：

（一）称谓由地理区域名称和农产品通用名称构成；

（二）产品有独特的品质特性或者特定的生产方式；

（三）产品品质和特色主要取决于独特的自然生态环境和人文历史因素；

（四）产品有限定的生产区域范围；

（五）产地环境、产品质量符合国家强制性技术规范要求。

第八条 农产品地理标志登记申请人为县级以上地方人民政府根据下列条件择优确定的农民专业合作经济组织、行业协会等组织。

（一）具有监督和管理农产品地理标志及其产品的能力；

（二）具有为地理标志农产品生产、加工、营销提供指导服务的能力；

（三）具有独立承担民事责任的能力。

第九条 符合农产品地理标志登记条件的申请人，可以向省级人民政府农业行政主管部门提出登记申请，并提交下列申请材料：

（一）登记申请书；

（二）申请人资质证明；

（三）产品典型特征特性描述和相应产品品质鉴定报告；

（四）产地环境条件、生产技术规范和产品质量安全技术规范；

（五）地域范围确定性文件和生产地域分布图；

（六）产品实物样品或者样品图片；

（七）其他必要的说明性或者证明性材料。

第十条 省级人民政府农业行政主管部门自受理农产品地理标志登记申请之日起，应当在45个工作日内完成申请材料的初审和现场核查，并提出初审意见。符合条件的，将申请材料和初审意见报送农业部农产品质量安全中心；不符合条件的，应当在提出初审意见之日起10个工作日内将相关意见和建议通知申请人。

第十一条 农业部农产品质量安全中心应当自收到申请材料和初审意见之日起20个工作日内，对申请材料进行审查，提出审查意见，并组织专家评审。

专家评审工作由农产品地理标志登记评审委员会承担。农产品地理标志登记专家评审委员会应当独立做出评审结论，并对评审结论负责。

第十二条 经专家评审通过的，由农业部农产品质量安全中心代表农业部对社会公示。

有关单位和个人有异议的，应当自公示截止日起20日内向农业部农产品质量安全中心提出。公示无异议的，由农业部做出登记决定并公告，颁发《中华人民共和国农产品地理标志登记证书》，公布登记产品相关技术规范和标准。

专家评审没有通过的，由农业部做出不予登记的决定，书面通知申请人，并说明理由。

第十三条 农产品地理标志登记证书长期有效。

有下列情形之一的，登记证书持有人应当按照规定程序提出变更申请：

（一）登记证书持有人或者法定代表人发生变化的；

（二）地域范围或者相应自然生态环境发生变化的。

第十四条 农产品地理标志实行公共标识与地域产品名称相结合的标注制度。公共标识基本图案见附图。农产品地理标志使用规范由农业部另行制定公布。

第三章 标志使用

第十五条 符合下列条件的单位和个人，可以向登记证书持有人申请使用农产品地理标志：

（一）生产经营的农产品产自登记确定的地域范围；

（二）已取得登记农产品相关的生产经营资质；

（三）能够严格按照规定的质量技术规范组织开展生产经营活动；

（四）具有地理标志农产品市场开发经营能力。

使用农产品地理标志，应当按照生产经营年度与登记证书持有人签订农产品地理标志使用协议，在协议中载明使用的数量、范围及相关的责任义务。

农产品地理标志登记证书持有人不得向农产品地理标志使用人收取使用费。

第十六条 农产品地理标志使用人享有以下权利：

（一）可以在产品及其包装上使用农产品地理标志；

（二）可以使用登记的农产品地理标志进行宣传和参加展览、展示及展销。

第十七条 农产品地理标志使用人应当履行以下义务：

（一）自觉接受登记证书持有人的监督检查；

（二）保证地理标志农产品的品质和信誉；

（三）正确规范地使用农产品地理标志。

第四章 监督管理

第十八条 县级以上人民政府农业行政主管部门应当加强农产品地理标志监督管理工作，定期对登记的地理标志农产品的地域范围、标志使用等进行监督检查。

登记的地理标志农产品或登记证书持有人不符合本办法第七条、第八条规定的，由农业部注销其地理标志登记证书并对外公告。

第十九条 地理标志农产品的生产经营者，应当建立质量控制追溯体系。农产品地理标志登记证书持有人和标志使用人，对地理标志农产品的质量和信誉负责。

第二十条 任何单位和个人不得伪造、冒用农产品地理标志和登记证书。

第二十一条 国家鼓励单位和个人对农产品地理标志进行社会监督。

第二十二条 从事农产品地理标志登记管理和监督检查的工作人员滥用职权、玩忽职守、徇私舞弊的，依法给予处分；涉嫌犯罪的，依法移送司法机关追究刑事责任。

第二十三条 违反本办法规定的，由县级以上人民政府农业行政主管部门依照《中华人民共和国农产品质量安全法》有关规定处罚。

第五章 附则

第二十四条 农业部接受国外农产品地理标志在中华人民共和国的登记并给予保护，具体办法另行规定。

第二十五条 本办法自 2008 年 2 月 1 日起施行。

附图：略

附录六 《关于北京市食用农产品安全生产体系建设的意见》

北京市人民政府办公厅转发市农委关于本市食用农产品安全生产体系建设意见的通知

（京政办发〔2000〕91号）

各区、县人民政府，市政府各委、办、局，各市属机构：

市农村工作委员会提出的《关于本市食用农产品安全生产体系建设的意见》已经市政府同意，现转发给你们，请认真贯彻执行。

食用农产品安全生产体系建设是一项涉及人民群众饮食安全、首都生态环境保护和实现郊区农业可持续发展的系统工程，各地区、各部门、各单位要充分认识这项工作的重要性和紧迫性，以高度负责的精神，积极推进这项工作的顺利进行。

北京市人民政府办公厅

二〇〇〇年八月十六日

关于北京市食用农产品安全生产体系建设的意见

（市农委　二〇〇〇年六月二十六日）

为加快本市农业结构调整和产业升级，保护农业生态环境，满足消费者对安全、优质、绿色食用农产品的需求，保障人民群众的身心健康，对本市食用农产品安全生产体系建设提出如下意见。

一、食用农产品安全生产体系建设的指导思想和工作目标

食用农产品安全体系是指通过对粮、菜、果、肉、蛋、禽、奶、鱼等主要农产品的生产、供应、销售等环节的有效控制和管理，使食用农产品达到安全质量标准。食用农产品安全体系建设是一项系统工程，包括农产品的生产、市场、监控、保障四大体系建设，其中生产体系建设是基础和重点。

食用农产品安全生产体系建设的指导思想是：以生产为基础，以市场为导向，以技术为保障，以法律、法规、规章和标准为依据，以监督检查、监测控制为手段，以保障消费者健康、保护农业生态环境、实现农业可持续发展为出发点，建立和完善食用农产品安全生产体系，全面提高本市食用农产品的质量，保证消费者食用安全优质的农产品。

食用农产品安全生产体系建设的目标是：用两年时间，在食用农产品生产经营中全面推行食用农产品安全生产标准，规范农业投入品的使用，建立和完善食用农产品监管体系，使郊区食用农产品主产区及主要食用农产品达到本市提出的食用农产品安全生产标准。具体分为两个阶段：第一阶段，2000 年 5 月至 2001 年 5 月。全面推行《北京市食用农产品安全生产暂行标准》，建设一批食用农产品安全生产示范基地，推出一批安全食用农产品品牌；全面禁止销售和使用剧毒、高残留农药和禁用的饲料添加剂、兽药；对允许使用的化肥、农药、添加剂、兽药初步达到限用要求和规范操作。完成市、区县监测认评体系的规划及试点工作。第二阶段，2001 年 5 月至 2002 年 5 月。完成市、区县食用农产品安全生产体系建设目标。

二、推进食用农产品安全生产体系建设的主要措施

（一）提高对食用农产品安全生产体系建设重要性、紧迫性的认识。食用农产品安全生产体系建设是涉及人民群众饮食安全、首都生态环境保护和实现农业可持续发展的一项重要的系统工程，各级政府要以对人民群众高度负责的态度，积极倡导，认真组织实施。要利用各种形式，宣传食用农产品安全生产体系建设的重要性，增强消费者的自我保护意识和生产经营者的自律意识。

（二）严格执行食用农产品安全生产标准和标识制度，规范生产经营行为。广泛宣传《北京市食用农产品安全生产暂行标准》，使生产经营者尽快掌握并严格按标准从事生产经营活动。养殖业要推行生产记录卡制度，禁止使用镇静、安眠类饲料添加剂和平喘、激素类药物，对允许使用的兽药要严格遵守休药期规定。种植业要推广应用高效低毒低残留农药和生物农药，严格遵守农药使用安全间隔期的规定，严禁使用高毒、高残留农药。大力控制氮肥的施用量，推广应用有机肥、活性有机肥和生物肥料，推广配方施肥及精量平衡施肥。要积极推进产地标识和安全产品标识制度建设。对达到食用农产品安全标准的生产经营单位，择优向社会公布，没有进行商标注册的农产品应有产地标识。逐步推广使用统一的食用农产品安全标志，建立安全优质农产品展示销售中心，为安全食用农产品占领市场创造条件。

（三）依靠科技推动食用农产品安全生产体系建设。要以科技为先导，加强试验和示范工作，搞好安全可靠农业投入品的筛选及生产过程的质量控制。积极开发生物肥料等安全有效的农业投入品，降低安全食用农产品生产成本。

（四）完善相应法律、规章和政策，保障食用农产品安全生产体系建设的顺利实施。依据国家有关法律法规和相关标准，结合本市实际，建立和完善本市食用农产品安全生产标准体系和法规规章。鼓励创建安全优质农产品品牌，推动食用农产品产地标识制度建设及食用农产品安全标志的使用工作。对具有典型带动和示范作用的重点乡镇和企业，在资金上优先考虑，在技术上重点扶持。

（五）做好食用农产品监测和基地、标志认证及管理工作。各有关部门要形成合力，充分利用现有的监测力量，做好食用农产品监测和认证工作。本着市、区县两级共同负担的原则，由市、区县食用农产品安全生产体系建设办公室牵头，组织农业、质量技术监督、卫生、环保等部门的检测力量，分别建立市监测认评中心及区县监测认评站，形成全方位的食用农产品安全检测和监控体系。凡申请使用食用农产品安全生产基地名称、食用农产品安全标志的生产经营单位，要向所在区县食用农产品安全生产体系建设办公室提出申请，经区县检测后，由市食用农产品安全生产体系建设办公室组织认证，符合安全生产标准和条件的单位，可以命名为食用农产品安全生产基地，可以使用食用农产品安全标志。现有的绿色食品生产基地，经市食用农产品安全生产体系建设办公室组织认证，可以命名为食用农产品安全生产基地。对食用农产品安全生产基地和食用农产品安全标志实行动态管理，区县食用农产品安全生产体系建设办公室及监测认评站要加强日常检测和监管，市食用农产品安全生产体系建设办公室要会同有关部门定期对生产基地、农产品批发交易市场和由生产基地设立的直销点（专柜）进行抽查检测，并向社会公布检测结果。对不符合《北京市食用农产品安全生产暂行标准》的，由有关部门依法处理，并由市食用农产品安全生产体系建设办公室取消其使用食用农产品安全生产基地称号和食用农产品安全标志的资格，并向社会公布。

（六）加强领导，明确职责，保障食用农产品安全生产体系建设的顺利进行。建议建立以主管副市长为负责人，由市农委、市科委、市计委、市商委、市农业局、市林业局、市质量技术监督局、市卫生局、市环保局、市工商局、市财政局、市公安局、北京出入境检验检疫局等部门参加的市食用农产品安全生产体系建设联席会议制度，组织和协调食用农产品安全生产工作。联席会议的日常工作由市农委承担。各区县也要建立联席会议制度，切实承担起本区县食用农产品安全生产的责任。市有关部门要各司其职，密切配合，确保这项工作的顺利进行。市农业局会同有关部门负责食用农产品安全生产基地建设、农业投入品使用监督管理以及安全食用农产品的开发推广工作；市质量技术监督局负责食用农产品质量监督管理工作，会同有关部门负责市区县监测认评机构的建设和管理工作；市卫生局负责食用农产品卫生监督管理工作；市环保局会同有关部门负责食用农产品生产区域环境监督管理和污染防治工作；市工商局会同有关部门负责食用农产品及农业投入品市场监督管理工作；市商委会同有关部门负责安全食用农产品的流通管理工作。

附录七 《上海市食用农产品安全监管暂行办法》

上海市人民政府令

（第 105 号）

《上海市食用农产品安全监管暂行办法》已经 2001 年 7 月 23 日市政府第 102 次常务会议通过，现予发布，自 2001 年 9 月 1 日起施行。

市长 徐匡迪

二〇〇一年七月三日

上海市人民政府令

（第 30 号）

《上海市人民政府关于修改〈上海市食用农产品安全监管暂行办法〉的决定》，已经 2004 年 6 月 28 日市政府第 43 次常务会议通过，现予发布，自 2004 年 10 月 1 日起施行。

市长 韩正

二〇〇四年七月三日

上海市食用农产品安全监管暂行办法

（2001 年 7 月 23 日上海市人民政府令第 105 号发布根据
2004 年 7 月 3 日《上海市人民政府关于修改〈上海市
食用农产品安全监管暂行办法〉的决定》修正）

第一章　总　　则

第一条（目的和依据）

为了加强对食用农产品生产经营的安全管理，防止食用农产品污染和有害因素对人体的危害，保障人体健康和生命安全，根据国家有关法律、法规的规定，结合本市实际情况，制定本办法。

第二条（定义）

本办法所称的食用农产品，是指种植、养殖而形成的，未经加工或者经初级加工的，可供人类食用的产品，包括蔬菜、瓜果、牛奶、畜禽及其产品和水产品等。

本办法所称的安全监管，是指政府有关监督管理部门依法对食用农产品的生产、经营及其相关活动进行监督管理，以保证人体健康和生命安全的行为。

第三条（管理原则）

食用农产品的生产，应当以推进农业标准化为导向，通过改善生产基地环境，加强技术指导，强化农用生产资料使用管理，在食用农产品生产的全过程推行安全卫生质量监督。

食用农产品的经营，应当以市场为引导，建立市场约束和行业自律机制，重点监控加工流通环节，完善各类市场内部安全卫生质量管理责任，及时发现和查处违法经营食用农产品的行为。

第四条（舆论引导和社会监督）

本市各级政府及其有关部门和新闻媒体应当开展有关食用农产品安全卫生质量知识的宣传，提高市民食用农产品安全卫生质量意识，维护消费者的合法权益。

鼓励单位和个人对政府部门食用农产品安全卫生质量监督管理工作提出建议和意见，并对违法生产、经营食用农产品的行为进行举报。

第二章 管理体制

第五条（政府职责）

市人民政府设立上海市食用农产品安全监管领导小组。

上海市食用农产品安全监管领导小组负责制定与食用农产品安全监管相关的政策，确定食用农产品安全监管的重点领域和事项，协调有关食用农产品安全监管的执法工作，处理食用农产品安全监管的其他重大事宜。

区、县人民政府负责本行政区域内的食用农产品安全监管工作，并负责组织实施。

第六条（监督管理部门的职责）

农业行政主管部门按照法律、法规规定的职责，负责食用农产品生产基地的规划和组织建设，种子（种畜、种禽）、肥料、农药、兽药、饲料、饲料添加剂等生产、经营、使用的监督管理，畜禽及其产品防疫、检疫的监督，先进农业技术的推广和应用。

商业行政主管部门按照法律、法规规定的职责，负责食用农产品商业流通领域的行业管理，家畜产品屠宰加工的行业管理和安全监管，水产品的行业管理和安全监管，并协同有关部门进行食用农产品批发市场、农副产品集贸市场的监督管理。

质量技术监督部门按照法律、法规规定的职责，负责食用农产品国家和行业标准的组织实施，地方标准的制定和监督实施。

卫生行政部门按照法律、法规规定的职责，负责食用农产品加工和流通领域安全卫生的监督管理。

工商行政管理部门按照法律、法规规定的职责，负责食用农产品经营行为的监督管理。

环境保护行政部门按照法律、法规规定的职责，负责食用农产品生产基地环境状况的指导和监督。

各区（县）人民政府所属的城市管理综合执法机构依法负责集贸市场外占用道路、流动设摊的无照经营违法行为的查处。

出入境检验检疫部门按照法律、法规规定的职责，负责进出口食用农产品的检验检疫和监督管理。

第七条（相关部门职责）

本市规划、土地、财政、交通、公安等有关行政部门在各自的职责范围内，协助做好食用农产品的安全监管工作。

第八条（部门执法的协调和联合）

市农委、市经委、市建委、市质量技监局、市卫生局、市工商局、市环保局、市农林局和上海出入境检验检疫局应当根据法律、法规、规章的规定，各司其职，加强食用农产品安全监管执法的协调和沟通，并在重点领域组织联合执法。

第九条（管理体系的建立）

本市建立食用农产品安全卫生质量标准体系，实施国家有关强制性标准，制定和实施食用农产品安全卫生质量的地方标准；建立食用农产品安全卫生质量技术推广体系，为生产者提供技术指导和服务；建立食用农产品安全卫生质量检测体系，完善政府对食用农产品安全卫生质量的监督检测，扶持建立从事食用农产品安全卫生质量检测的社会中介服务机构，在生产经营重要环节设立食用农产品安全卫生质量检测点；建立安全卫生优质食用农产品认可体系，推介安全卫生优质的食用农产品；建立食用农产品质量安全信息体系，为食用农产品的生产、经营和消费提供信息服务。

第十条（行业协会）

食用农产品生产、经营的行业协会应当发挥行业自律作用，协助政府部门进行食用农产品生产经营活动的管理。

鼓励和支持相关的行业协会制定并推行食用农产品生产经营的行业规范，为会员提供信息和技术方面的指导和服务，敦促会员依法从事食用农产品的生产经营活动。

第十一条（中介服务机构）

政府鼓励并扶持设立有关中介服务机构，为食用农产品生产和经营活动提供管理咨询、技术咨询、产品检测和标准化指导等各类服务。

第三章　食用农产品生产的安全监管

第十二条（生产基地的规划）

各级人民政府及其部门应当根据本地区的自然条件、土地利用规划和食用农产品的生产特点，制定符合安全卫生质量标准的食用农产品生产基地规划，并在资金等方面给予必要的扶持。

食用农产品生产基地的规划选址，应当符合国家和地方规定的环境质量标准的要求。

第十三条（生产基地的建设）

市农委、市商委、市环保局、市农林局等部门应当按照各自职责，对食用农产品生产基地的建设进行指导和监督。

畜禽饲养场、贮存场所、屠宰场、水产养殖水域应当依照国家法律、法规的规定进行建设和管理，并符合国家有关安全卫生的规定。

第十四条（生产基地、场所的环境保护）

禁止向食用农产品的生产基地和其他生产场所排放重金属、硝酸盐、油类、酸液、碱液、剧毒废液、放射性废水和未经处理的含病原体的污水，或者倾倒、填埋有害的废弃物和生活垃圾。

第十五条（食用农产品生产活动的要求）

在蔬菜、瓜果的生产过程中，应当按照国家有关规定和技术要求，合理使用肥料、农药。鼓励科学使用有机肥、微生物肥料、生物农药和可降解地膜等生产资料。

在畜禽、牛奶、水产品生产过程中，应当按照国家和本市的规定，合理使用有关兽药、饲料和饲料添加剂。

第十六条（生产基地安全卫生质量跟踪制度）

本市建立食用农产品安全卫生质量跟踪制度。

生产基地在生产活动中，应当建立质量记录规程，记载农药、肥料、兽药、饲料和饲料添加剂使用以及防疫、检疫等情况，保证产品的可追溯性。

非生产基地应当参照生产基地的管理方式，记录农药、肥料、兽药、饲料和饲料添加剂等生产资料的使用情况。

食用农产品安全卫生质量跟踪制度的实施方案，由市农委、市商委按照各自职责制定，并分别组织实施。

第十七条（生产基地安全卫生质量合格检验证明制度）

本市建立生产基地的食用农产品安全卫生质量合格检验制度。

生产基地应当对其生产的食用农产品实行安全卫生质量检验，并提供产品合格证明。

经初级加工、有包装的食用农产品，应当在产品包装物上标注其产品的加工单位和原生产基地。

第十八条（生产者安全卫生质量承诺制度）

本市实行食用农产品的生产者安全卫生质量承诺制度。

食用农产品生产基地在产品投放市场之前，应当就其产品的安全卫生质量状况向有关监督管理部门和经营者作出承诺；其他生产者在产品投放市场之前，应当就其产品的安全卫生质量状况向经营者作出承诺。

食用农产品生产者安全卫生质量承诺制度，由市农委、市商委按照各自职责，分别组织实施。

第十九条（优质农产品认可制度）

本市实行食用农产品安全卫生优质产品认可制度。

食用农产品生产者按照有关规定，在向授权的认可机构申请安全卫生优质产品认可并通过核准后，可以在食用农产品或者其包装上标注安全卫生优质的标志。

第二十条（畜禽疫病的预防和检疫）

本市依照有关法律规定，对畜禽实行计划免疫，对严重危害人体和养殖业生产的畜禽疫病实施强制免疫。各级动物防疫监督机构应当加强对本行政区域内饲养和流通环节的畜禽及其产品的疫病监测。

本市各级动物防疫监督机构应当对畜禽及其产品进行检疫。经检疫合格的畜禽及其产品，由动物防疫监督机构出具检疫合格证明，对畜禽产品还应当同时加盖或者加封验讫标志。

第二十一条（生产环节的无害化处理）

畜禽饲养场、屠宰场、养殖场发现经检疫不合格或者病死、死因不明的畜禽及其产品，染疫的畜禽及其产品，染疫畜禽的排泄物，应当主动送交指定的化制场所进行无害化处理。

其他生产场所发现有前款情形的，生产者应当在动物防疫监督机构的指导下进行无害化处理，或者送交指定的化制场所进行无害化处理。

第二十二条（生产活动中禁止的情形）

食用农产品生产活动中，禁止下列行为：

（一）使用甲胺磷等剧毒、高毒、高残留农药；

（二）使用盐酸克伦特罗（俗称“瘦肉精”）、孔雀石绿等禁止使用的物质作为兽药、饲料和饲料添加剂；

（三）使用假、劣兽药、将人用药品作为兽药使用或者违反规定使用兽药；

（四）法律、法规和规章规定禁止的其他情形。

第四章 食用农产品经营的安全监管

第二十三条（交易市场的规划控制、设立条件和技术规范）

设立食用农产品交易市场，应当符合发展规划、设立条件和技术规范。食用农产品批发市场的发展规划和设立条件，由市经委会同市农委、市工商局和市卫生局等部门提出，报市人民政府批准后施行。

有关政府部门在制定食用农产品市场的发展规划和设立条件时，应当征询食用农产品相关行业协会的意见。

第二十四条（批发市场的设立）

各类食用农产品批发市场应当按照国家企业设立的法律规定和批发市场的设立条件，取得卫生行政部门发放的卫生许可证，并向工商行政管理部门办理登记后，方可从事批发经营活动。

第二十五条（批发市场安全卫生质量责任告知承诺制度）

本市实行食用农产品批发市场安全卫生质量责任告知与承诺制度。

卫生、畜牧、工商行政管理部门应当以书面形式，向食用农产品批发市场的开办者告知其应当遵守的相关法律规定、行为规则和其他责任。

食用农产品批发市场开办者应当就其经营产品的安全卫生质量责任，向卫生、畜牧、工商行政管理部门作出承诺，保证达到安全卫生质量责任制的要求，并就经营者侵害消费者权益的行为实行先行赔偿。

食用农产品批发市场安全卫生质量责任告知与承诺制度实施方案，由市工商行政管理部门会同市卫生、畜牧和商业等行政管理部门共同制定并组织实施。

第二十六条（市场开办者安全卫生质量责任制度）

本市实行食用农产品市场开办者安全卫生质量责任制度。

各类食用农产品批发市场和农贸市场的开办者对进入本市场的经营者的产品安全卫生质量状况，负有管理的责任，并达到以下要求：

（一）建立安全卫生质量制度，配备专、兼职食品卫生管理人员；

（二）建立食用农产品安全卫生流通档案；

（三）开展食用农产品检验，按规定索取产品及原料检验合格证明；

（四）组织有关食品生产经营人员进行健康检查。

各类食用农产品批发市场和农贸市场的开办者可以通过与经营者签订安全卫生质量协议方式，明确安全卫生质量的责任。

第二十七条（经营活动场内公示制度）

本市实行食用农产品经营活动场内公示制度。

食用农产品批发市场和农贸市场的开办者应当在场内的显著位置设立公示牌，并由工商行政管理部门监督设立。

各有关行政管理部门负责对本市场内具有违法经营行为的经销者在公示牌上进行公示，并对市场经营管理中应当注意的事项进行必要的提示。

第二十八条（优质食用农产品的推介制度）

本市实行优质食用农产品推介制度。

鼓励行业协会向社会推荐优质的食用农产品，并推行优质优价。

鼓励行业协会引导超市、连锁商业企业等优先选择优质食用农产品。

第二十九条（市场检测）

本市有关行政管理部门应当完善食用农产品安全卫生质量的监督检测机构，为行政管理和执法监督活动提供专业检测数据。

本市食用农产品批发市场、超市配送中心和大型食品加工企业应当配置安全卫生质量检测设施，配备专业检测人员，并建立相应的检测工作规程和管理制度。

本市其他食用农产品经营者可以自行进行产品检测，也可以委托有关社会安全卫生质量检测机构进行产品检测。

市场检测发现不合格农产品的，食用农产品批发市场的开办者、经销者、超市配送中心、食品加工企业或者其他食用农产品的经营者应当依照有关法律、法规的规定，制止其出售和转移，并及时报告工商行政管理部门或者卫生行政管理部门进行处理。

第三十条［畜禽屠宰场（点）的设置管理］

设置畜禽屠宰场（点），应当按照确定的定点规划，并符合法律、法规、国家标准和有关专业技术规范；大中型畜禽屠宰场还应当通过有关专业质量体系认证。

本市畜禽屠宰场的规划由市经委会同市农委、市规划局、市环保局、市卫生局制订，报市人民政府批准后，由市经委组织实施；本市活鸡屠宰点的规划，由各区（县）人民政府按照市人民政府确定的布局规划要求制订，并组织实施。

本市定点屠宰场应当按照《中华人民共和国动物防疫法》、《中华人民共和国食品卫生法》和《生猪屠宰管理条例》等法律、法规和规章的规定，进行畜禽屠宰检疫和肉品品质检验。经检疫、检验合格的畜禽产品，动物防疫监督机构和畜禽定点屠宰场应当依法出具产品检疫合格证明和肉品品质检验合格证明，并加盖验讫标志。

第三十一条（畜禽产品及活鸡的批发交易管理）

除超市连锁配送等直销挂钩的情形外，本市家畜禽产品及活鸡批发交易应当在符合条件的食用农产品批发市场中进行。

畜禽产品及活鸡进入批发市场交易前，批发市场的开办者应当查验产品检疫合格证明、肉品品质检验合格证明后，方可允许其进场交易。

畜产品及活鸡零售经销者应当从依法设立的批发市场（包括定点屠宰场）购入畜产品及活鸡。

畜产品零售经销者经销的畜产品，应当具备有效的产品检疫合格证明和肉品品质检验合格证明；活鸡零售经销者经销的活鸡，应当具备有效的检疫合格证明。

本市除规划设置的交易市场内允许活鸡交易以外，未经市政府批准，不得从事其他活禽交易。

第三十二条（进入本市畜禽及其产品的监督）

畜禽及其产品进入本市的，应当按照国家规定随车携带产地有关部门出具的检疫合格证明，并在指定的市境道口运入，接受防疫监督。

本市动物防疫监督部门、出入境检验检疫部门应当采取有效措施，加强对进入本市的畜禽及其产品的监督检查。

第三十三条（经营环节的无害化处理）

对经营过程中不合格的食用农产品的无害化处理，依照本办法第二十一条生产环节产品无害化处理的规定执行。

第三十四条（食用农产品安全信息的发布）

有关监督管理部门应当针对食用农产品市场中安全卫生质量方面存在的突出问题，及时通过各种渠道予以公布，提示消费者采取相应的识别措施。

第三十五条（禁止销售的情形）

禁止销售施用过甲胺磷等剧毒、高毒、高残留农药的蔬菜、瓜果产品，含有“瘦肉精”等有害成分的畜禽产品，以及法律、法规、规章禁止销售和不符合国家强制性标准的其他食用农产品。

第三十六条（单位集团采购）

本市饭店、宾馆、医院、学校、机关和其他企事业等集体用餐单位应当优先从信誉好、无安全质量不良记录的食用农产品经营企业采购食用农产品，优先采购经推介的优质食用农产品。

举办重大公共活动、重要会议采购食用农产品的，具体承办单位应当将食用农产品送交具有资质的检测机构进行检验。

第五章 法律责任

第三十七条（违反食用农产品生产的安全监管的行政处罚）

违反本办法第十四条规定，向食用农产品的生产基地和其他生产场所排放重金属、硝酸盐、油类、酸液、碱液、剧毒废液、放射性废水和未经处理的含病原体的污水，倾倒、填埋有害的废弃物和生活垃圾的，由环境保护行政部门按照《上海市环境保护条例》第五十二条规定予以处罚，或者由农业行政部门按照《中华人民共和国基本农田保护条例》第三十三条规定予以处罚。

违反本办法第十五条第二款和第二十二条第（二）项、第（三）项规定，在畜禽、牛奶、水产品生产过程中，未按照国家和本市的规定合理使用有关兽药、饲料和饲料添加剂，使用“瘦肉精”、孔雀石绿等有害物质作为兽药、饲料和饲料添加剂的，或者使用假、劣兽药，将人用药品作为兽药使用或者违反规定使用兽药的，由兽药饲料监督部门责令停止使用，并根据情节，处以 3 万元以下的罚款。

违反本办法第十六条第二款规定，生产基地在生产活动中未建立、未按照规定建立质量记录规程或者假造质量记录规程，致使无法追溯农药、肥料、兽药、饲料和饲料添加剂等生产资料的使用情况的，由农药肥料或者兽药饲料监督部门责令改正；拒不改正的，可处以 1 000 元以上 5 000 元以下的罚款。

违反本办法第十七条第三款规定，经初级加工、有包装的食用农产品，未在产品包装物上标注其产品的加工单位和原生产基地的，由质量技术监督部门予以警告，并责令改正。

违反本办法第二十一条第一款、第三十三条规定，未依法进行无害化处理的，按照《中华人民共和国动物防疫法》第四十六条规定予以处理。

违反本办法第二十二条第（一）项规定，在食用农产品生产活动中，使用甲胺磷等剧毒、高毒、高残留农药的，按照《中华人民共和国农药管理条例》三十九条规定予以处罚。

第三十八条（违反食用农产品经营的安全监管规定的行政处罚）

违反本办法第二十九条第二款规定，未配置安全卫生质量检测设施、专业检测人员，或者未建立相应的检测工作规程和管理制度的，由卫生行政部门责令改正；拒不改正的，可处以 1 万元以上 3 万元以下的罚款。违反本办法第二十九条第四款规定，对市场检测发现不合格农产品，未制止其出售和转移，或者未及时报告工商或者卫生行政管理部门进行处理的，由工商或者卫生行政管理部门给予1万元以上3万元以下的罚款。

违反本办法第三十条第一款规定，设置畜禽屠宰场（点），达不到法律、法规、国家标准和有关专业技术规范的，由市经委或者有关主管部门责令限期改正；逾期仍达不到要求的，按照有关法律、法规规定处理。

违反本办法第三十一条第一款规定，未在符合条件的食用农产品批发市场中进行畜产品及活鸡批发交易的，由工商行政管理部门责令改正，并可处以1万元以下的罚款；违反本办法第三十一条第二款规定，批发市场开办者未查验产品检疫合格证明和肉品品质检验合格证明即允许进场交易的，由卫生行政部门处以1 000元以下的罚款；违反本办法第三十一条第三款规定，畜产品及活鸡零售经销者未在批发市场购入畜产品及活鸡的，由工商行政管理部门处以5 000元以下的罚款；违反本办法第三十一条第五款规定，设置除活鸡以外的活禽交易市场和在非规划区域内设置畜产品及活鸡交易市场的，由工商行政管理部门责令改正，并处以3万元以下的罚款；违反本办法第三十一条第四款规定，畜产品及活鸡零售经销者经销的畜产品及活鸡不具备有效的产品检疫合格证明和肉品品质检验合格证明的，由卫生行政部门、工商行政管理部门、动物防疫监督机构按照各自职责依法予以处罚。

违反本办法第三十二条第一款规定，未在指定的市境道口运入的，由动物防疫监督机构对运输活动中的承运人处以1万元以下的罚款。

违反本办法第三十五条规定，销售施用过甲胺磷等剧毒、高毒、高残留农药的蔬菜、瓜果产品，含有“瘦肉精”等有害成分的禽畜产品，由卫生行政部门按照《中华人民共和国食品卫生法》第四十二条规定予以处罚。

第三十九条（有关监督管理机构人员的法律责任）

行政管理部门的工作人员在对食用农产品的管理和监督中，滥用职权、徇私舞弊、玩忽职守、索贿受贿的，由上级主管部门给予行政处分；构成犯罪的，依法追究刑事责任。

第六章 附 则

第四十条（实施日期）

本办法自2001年9月1日起施行。

附录八 《深圳市食用农产品安全条例》

深圳市第四届人民代表大会常务委员会公告

（第三十号）

《深圳市食用农产品安全条例》经深圳市第四届人民代表大会常务委员会第八次会议于2006年9月26日通过，广东省第十届人民代表大会常务委员会第二十八次会议于2006年12月1日批准，现予公布，自2007年5月1日起施行。

深圳市人民代表大会常务委员会

二〇〇七年一月四日

深圳市食用农产品安全条例

（2006年9月26日深圳市第四届人民代表大会常务委员会第八次会议通过 2006年12月1日广东省第十届人民代表大会常务委员会第二十八次会议批准）

第一章 总 则

第一条 为了加强食用农产品安全管理，保障人体健康和生命安全，根据《中华人民共和国农产品质量安全法》和其他有关法律、法规，结合本市实际，制定本条例。

第二条 本市食用农产品生产、经营和监督管理活动适用本条例。

第三条 本条例所称食用农产品（以下简称农产品），是指在农业活动中获得的，可供人食用的粮食、蔬菜、水果、水产品、畜禽、禽蛋、菌类等及其经过屠宰、分割、包装、冷冻等初级加工的产品。

转基因农产品的管理适用本条例。法律、行政法规另有规定的，从其规定。

第四条 农业行政管理部门（以下简称农业部门）负责生产环节的农产品质量安全监督管理以及农业投入品的日常监督管理。

工商行政管理部门依法负责流通环节的农产品质量安全监督管理；农业部门依照本条例对流通环节的农产品质量安全进行监督抽查、监测并发布有关信息。

卫生行政管理部门负责消费环节的农产品质量安全监督管理。

第二章 农产品生产

第五条 市政府应当制定无公害农产品生产基地建设规划。

第六条 农业部门应当会同环境保护部门对农产品生产场所的土壤、水、大气等生产环境进行重金属、农药残留等有害物质监测。

经过监测，农产品生产场所中的重金属、农药残留或者其他有害物质含量不符合强制性标准的，禁止从事农产品生产。

第七条 农药、化肥、饲料等农业投入品经营者应当建立限制使用的农业投入品经营台账，记载其名称、来源、进货日期、生产企业、销售时间、销售对象和销售数量。经营台账应当保存一年。

未设置经营台账或者经营台账不符合要求的，由农业部门责令改正，并予以公示。

销售限制使用的农业投入品时，经营者除应当向购买者提供关于该产品用法、用量、使用范围等注意事项的书面说明之外，还应当进行口头提示。

第八条 从事动物饲养、经营和动物产品生产、经营活动应当依法向动物防疫监督机构申请动物防疫合格证。

第九条 经营性动物饲养、蔬菜及水果种植推行规模化生产。具体办法由市政府根据不同区域的自然地理条件和经济社会发展水平另行制定。

第十条 农产品生产者应当按照国家规定对其生产的农产品进行质量安全检测，并在销售时提供质量安全检测合格证明，该证明应当同时标注产品的名称、产地、生产单位和生产日期。

第十一条 畜禽屠宰场的环境卫生、屠宰加工过程和废弃物的处置，应当符合相关卫生标准和技术规范的要求。

动物养殖场、畜禽屠宰场发现经检疫不合格或者病死、死因不明的动物及其产品、染疫动物的排泄物，应当送交指定场所进行无害化处理。

其他农产品生产场所发现有前款情形的，生产者应当在动物防疫监督机构的指导下进行无害化处理，或者送交指定场所进行无害化处理。

第十二条 在农产品生产活动中禁止下列行为：

（一）使用剧毒、高毒、高残留农药；

（二）使用盐酸克伦特罗、孔雀石绿以及其他被禁止使用的物质作为兽药、饲料和饲料添加剂；

（三）使用假、劣兽药，将人用药品作为兽药使用或者违反规定使用兽药；

（四）对畜禽及其产品灌注泥沙、水或者其他物质；

（五）法律、法规禁止的其他情形。

第十三条 逐步推行农产品生产认证制度。农产品生产者可以向市农业部门申请农产品生产认证。通过认证的，由市农业部门及时向社会公布。具体办法由市政府另行制定。

第三章 农产品经营

第十四条 各类农产品批发市场、肉菜市场、配送中心、超市、商场、冷库、粮库等经营者承担下列管理责任：

（一）建立农产品质量安全制度，配备专、兼职质量安全管理人员；

（二）建立农产品经营管理档案；

（三）查验农产品检验、检疫合格证明及其他合格证明；

（四）定期组织有关农产品生产经营人员进行健康检查。

市场经营者可以通过与市场内的农产品经营者签订农产品安全卫生质量协议方式，明确质量安全责任。

第十五条 市场经营者发现不合格农产品的，应当督促市场内的农产品经营者销毁。市场内的农产品经营者拒不销毁的，市场经营者应当及时报告工商行政管理部门依法处理。

第十六条 对已经售出的不合格农产品，销售者应当公告收回，并予以销毁。

第十七条 市场经营者应当在场内的显著位置设立农产品质量安全公示牌，对农产品质量安全监测结果、违法经营行为、进场采购注意事项等内容进行公示。公示牌的设置和使用由工商行政管理部门进行监督。

第十八条 进入各类农产品经营场所的农产品，供货人应当提供每批次农产品的合格证明或者相关检验、检疫合格证明，以及证明农产品来源的票证，并保存原件或者复印件。

第十九条 鲜、冻畜产品销售实行检验检疫条码及电子单据管理制度。

鲜、冻畜产品凭检疫合格证明、检验检疫条码以及屠宰加工单位出具的肉类出厂电子单据进入销售市场。需要提供有效验讫印章的，供货人应当提供。

运送鲜、冻畜禽产品，应当使用具有冷藏、防尘和其他必要设施的专用车辆，不得敞运。

第二十条 餐饮企业和集体供餐单位应当建立农产品采购台账制度，并保存一年。采购台账应当记载所购农产品名称、产地、数量和日期等事项。

禁止采购无产品合格证明或者无检验、检疫合格证明的农产品。

第四章 监督检测

第二十一条 实行农产品质量安全监测制度。

市农业部门应当制定并组织实施农产品质量安全监测方案，定期公布监测结果。

第二十二条 农业部门应当对生产、销售的农产品进行监督抽查检测。对检测不合格的农产品，由农业部门监督生产者、经营者进行无害化处理。

第二十三条 农产品生产者、经营者应当接受依法进行的监督抽查检测。拒不接受的，其生产、经营的农产品视为不合格农产品。

第二十四条 农产品生产者、经营者对监督抽查检测结果有异议的，可以依法申请复检。

复检结果与原检测结果一致的，复检费用由申请人承担，复检结果与原检测结果不一致的，复检费用由原抽检机构承担。

申请人应当协助保存被检查封存的农产品，不得转移、调换或者变卖。

第二十五条 来自同一县级行政区域内同一种类农产品，有下列情形之一的，市农业部门应当及时发布公告并通报该产地的有关部门：

（一）经抽样检验一年内累计三次含有国家禁止使用的农药、兽药或者其他有害物质的；

（二）含有国家禁止使用的农药、兽药或者其他有害物质严重超过规定标准的；

（三）在市场上销售后造成多人食物中毒等严重后果的。

在公告发布之日起九十日内，任何经营者不得采购有前款规定情形的农产品。

违反前款规定采购并销售农产品的，由工商行政管理部门将违法行为予以通报，并提醒市民谨慎选购。

第二十六条 主管部门发布有关通报时，除按规定在媒体发布外，还应当在发生违法行为的经营场所显著位置公告，相关经营者应当予以配合。主管部门发布的有关通报，应当抄送相关部门依法处理。

第五章 法律责任

第二十七条 违反本条例第八条规定，未依法取得动物防疫合格证从事动物饲养、经营和动物产品生产、经营活动，由动物防疫监督机构予以警告，责令限期改正；逾期不改正的，责令停产停业，并处以一万元以上三万元以下罚款。

第二十八条 违反本条例第十二条规定进行农产品生产活动的，由农业部门责令改正，对农产品进行无害化处理，并处以五千元以上二万元以下罚款；情节严重的，责令停业整顿。

第二十九条 在农产品质量安全监督抽检中，经检测不合格的，由农业部门没收其销售不合格产品所得，并对经营者处以二千元以上二万元以下罚款。

第三十条 检验、检测机构伪造农产品检测结果的，由农业部门没收违法所得，责令改正，对单位处以五万元以上十万元以下罚款，对直接负责的主管人员和其他直接责任人员处以一万元以上五万元以下罚款，情节严重的，撤销其检测资格；造成损害的，应当依法承担赔偿责任。

第六章 附 则

第三十一条 本条例规定由市政府制定具体办法的，市政府应当自本条例施行之日起十八个月内制定。

第三十二条 对本条例规定的罚款处罚，市行政处罚实施机关应当制定具体实施标准。该具体实施标准与本条例同时施行；需要修订时，制定机关应当及时修订。

第三十三条 本条例自 2007 年 5 月 1 日起施行。

附录九 《成都市食用农产品质量安全条例》

成都市人民代表大会常务委员会公告

（第105号）

《成都市食用农产品质量安全条例》已由成都市第十四届人民代表大会常务委员会第二十五次会议于2006年6月8日通过，四川省第十届人民代表大会常务委员会第二十三次会议于2006年9月28日批准，自2007年1月1日起施行。特此公告。

成都市人民代表大会常务委员会

2006年10月9日

成都市食用农产品质量安全条例

（2006年6月8日成都市第十四届人民代表大会常务委员会第二十五次会议通过，2006年9月28日四川省第十届人民代表大会常务委员会第二十三次会议批准）

第一章　总　　则

第一条　为保障食用农产品的质量安全，维护公众身体健康，促进农业和农村经济发展，根据《中华人民共和国农产品质量安全法》等有关法律、法规的规定，结合成都市实际，制定本条例。

第二条　凡在本市行政区域内从事食用农产品生产和销售活动，均应遵守本条例。

第三条　本条例所称食用农产品，是指经种植、养殖、采摘、捕捞等农业生产活动形成的，供人类食用的动植物、微生物及其产品。

第四条 市和区（市）县人民政府统一领导、协调本行政区域内的食用农产品质量安全工作，将食用农产品质量安全管理工作纳入本级国民经济和社会发展规划，安排专项资金，并采取措施，建立健全食用农产品质量安全服务体系，提高食用农产品质量安全水平。

第五条 市和区（市）县农业行政主管部门负责食用农产品质量安全监督管理，承担食用农产品生产及质量安全的检测、检验和检疫职责。

工商、质量技术监督、卫生、食品药品监督、商务、环保、渔业、林业等有关部门按照法律、法规规定，在各自职责范围内做好食用农产品质量安全的相关工作。

第六条 支持农产品行业协会制定并推行食用农产品生产销售的行业规范，为会员提供信息和技术指导服务，督促会员依法从事食用农产品的生产销售活动，发挥行业自律作用。

鼓励农产品科学技术研究单位和有关中介服务机构为食用农产品的生产和销售开展技术服务。

第二章 生产管理

第七条 市和区（市）县人民政府农业行政主管部门应根据自然条件、土地利用规划和食用农产品的生产特点及质量安全要求，制定本行政区域食用农产品生产布局规划，报本级人民政府批准后向社会公布。

第八条 禁止向食用农产品生产场所排放重金属、硝酸盐、油类、酸液、碱液、剧毒废液、放射性废水或未经处理的含病原体的污水、废气，或者倾倒、填埋含有有毒有害物质超过国家标准规定的固体废弃物。

第九条 食用农产品生产者应当按照国家、行业和地方标准及农产品生产技术规范组织生产食用农产品。

第十条 禁止销售未经依法许可的，以及法律、法规或规章已明令禁止生产、销售的农药、肥料、兽药、饲料、饲料添加剂或其他添加物。

禁止在食用农产品生产过程中使用前款所列投入品。

第十一条 食用农产品生产企业、农民专业合作经济组织应当依法建立生产记录档案。

食用农产品生产记录档案制度由市农业行政主管部门会同相关部门组织实施。

第十二条 食用农产品生产应当实行适期收获、屠宰、捕捞原则，并严格执行国家有关农业投入品使用安全间隔期和休药期的规定。

第十三条 食用农产品生产企业、农民专业合作经济组织应建立食用农产品质量安全检测制度，设立自检机构或委托其他法定检测机构对其生产的食用农产品实行质量安全检测，并在销售产品时提供相应合格证明。

第十四条 食用农产品在分等分级、分割、包装、保鲜、贮存、运输中所使用的保鲜、防腐和添加剂等材料和容器，应当符合国家有关规定。

食用农产品包装物或标签、说明书，应当以中文标明品名、产地、生产者、生产日期、产品等级、保质期等。动物产品包装应加封检疫检验验讫标志。属于农业转基因生物的食用农产品，应当按规定进行标识。

禁止伪造产地标志或冒用检疫检验验讫标志、标识；禁止以不合格产品冒充合格产品。

第十五条 食用农产品生产者可以向法定机构申报无公害农产品产地、绿色食品、有机农产品基地认定。经过审定后，可在食用农产品生产场所设立无公害农产品产地或绿色食品、有机农产品基地标牌。

禁止未经认定设置无公害农产品产地或绿色食品、有机农产品基地标牌。

第十六条 食用农产品生产者按照有关规定，可向法定机构申请“无公害农产品”、“绿色食品”或“有机农产品”认证。经过审定后，可以在食用农产品或其包装上使用“无公害农产品”、“绿色食品”或“有机农产品”标志。

禁止假冒、伪造、租赁、买卖食用农产品质量安全认证证书或标志，禁止超范围使用认证证书或标志。

禁止未经认证以“无公害农产品”、“绿色食品”或“有机农产品”名义进行宣传或者销售食用农产品。

第三章 销售管理

第十七条 本市实行食用农产品质量安全市场准入制度。实行市场准入制度的食用农产品种类（名录）、检测检验具体对象、指标内容和区域范围、市场类型（名录）以及实施时间由市人民政府确定并公布。

凡列入市场准入制度名录的食用农产品需进入规定市场销售的，须经质量安全检测。合格的准予入市销售，不合格的禁止入市销售。对取得无公害农产品、绿色食品或有机农产品质量安全认证的，在证书有效期内准予免检入市销售；属经认定的产地生产的，凭产地认定证书及质量合格证入市销售；其他食用农产品凭批次产地检测合格证或经批发市场、超市配送中心、集贸市场检验检测合格后方可入市销售。

依法应施检疫的食用动植物及其产品，须经法定机构检疫合格，附具检疫验讫标志、检疫合格证明方可入市销售。

第十八条 禁止销售有下列情形之一的食用农产品：

（一）农药、兽药或重金属残留超标，致病性寄生虫或微生物、生物毒素超标，以及其他有毒有害物质超标的食用农产品；

（二）依法应当检疫检验而未经检疫检验以及经检疫检验不合格的食用动植物及其产品；

（三）病害、病死动物及其产品；

（四）使用法律、法规或规章明令禁用的农药、肥料、兽药、饲料及饲料添加剂或其他添加物生产的食用农产品。

第十九条 本市实行食用农产品市场开办者质量安全责任制度。食用农产品批发市场、超市和集贸市场的开办者，对进入本市场销售的食用农产品的质量安全负管理责任，并履行下列职责：

（一）建立质量安全制度，配备专、兼职食用农产品质量安全管理人员；

（二）建立食用农产品质量安全流通档案；

（三）与销售者签订质量安全责任书，明确质量安全责任；

（四）设立农产品质量安全检测机构或委托农产品质量安全检测机构对销售的食用农产品质量安全进行检测，按规定索取产品检验合格证明，对发现的不合格食用农产品制止销售者出售或转移，并报告农业或工商行政主管部门。

第二十条 鼓励食用农产品批发市场、超市、集贸市场开辟无公害农产品、绿色食品或有机农产品专门交易区。

鼓励饭店、宾馆、医院、学校、机关等集体用餐单位实行食用农产品定点采购制度，优先采购无公害农产品、绿色食品和有机农产品。

第四章 监督检查

第二十一条 市和区（市）县农业、工商行政主管部门按各自的职责，负责食用农产品质量安全的监督检查。食用农产品生产者、销售者和批发市场、超市、集贸市场及其他购销单位应当接受和配合。

第二十二条 市和区（市）县农业、工商行政主管部门监督检查食用农产品质量安全状况时，可采用国务院农业行政主管部门会同有关部门认定的快速检测方法进行检测。经快速检测结果为不合格的食用农产品，被检测方可以在 4 小时内申请复检。复检不得采用快速检测方法。

第二十三条 市和区（市）县农业、工商行政主管部门在食用农产品质量安全监督检查中，依法行使下列职权：

（一）对生产、销售场所进行现场检查，对产品进行抽样检测；

（二）查阅、复制与生产、销售活动有关的记录、合同、发票及其他有关资料；

（三）向当事人和其他有关人员调查了解与生产、销售活动有关的情况。

第二十四条 市和区（市）县农业行政主管部门应当确定经认证认可的食用农产品质量安全检测机构，负责本行政区域内食用农产品质量安全的检测。

对农业行政主管部门依法进行的食用农产品质量安全抽样检测，食用农产品生产者、销售者不得拒绝。

第二十五条 本市实行食用农产品质量安全例行监测制度，对产地环境条件、农业投入品和食用农产品质量安全状况进行例行监测。年度例行监测计划由市农业行政主管部门负责制定并组织实施。例行监测所需经费列入同级财政预算，不得向被监测方收取。

第二十六条 本市实行市级食用农产品质量安全信息通报和公告制度。市农业行政主管部门应当定期向社会公布主要食用农产品质量安全状况。

第五章 法律责任

第二十七条 违反本条例第十条第一款的规定销售违禁农药、肥料等投入品的，由农业行政主管部门没收其产品并作无害化处理，没收违法所得，并处1万元以上3万元以下罚款。

第二十八条 违反本条例第十条第二款规定，生产者在食用农产品生产过程中使用违禁农药、肥料等投入品的，由农业行政主管部门责令改正，对其食用农产品作无害化处理，对个体生产者可并处200元以上1 000元以下罚款，对企业、农民专业合作经济组织并处5 000元以上2万元以下罚款。

第二十九条 违反本条例第十一条规定，食用农产品生产企业、农民专业合作经济组织未依法建立和保存食用农产品生产记录档案的，或伪造生产记录档案的，由农业行政主管部门责令限期改正，对拒不改正的，处500元以上2 000元以下罚款。

第三十条 违反本条例第十二条规定，食用农产品生产者未执行农药安全间隔期规定的，由农业行政主管部门对其食用农产品作无害化处理，对个体生产者可并处100元以上500元以下罚款，对企业、农民专业合作经济组织处6 000元以上3万元以下罚款。

第三十一条 违反本条例第十四条规定，食用农产品生产企业、农民专业合作经济组织使用保鲜、防腐或添加剂等材料不符合国家有关规定的，由农业行政主管部门责令停止使用，监督封存、销毁，没收违法所得，并处5 000元以上2万元以下罚款。进行包装、标识销售的食用农产品，其标签标识未按规定明示内容的，责令限期改正，逾期不改的，处500元以上2 000元以下罚款。

第三十二条 违反本条例第十五条规定，食用农产品生产企业、农民专业合作经济组织未经认定或期满后未经重新认定，擅自使用无公害农产品产地、绿色食品、有机农产品基地标牌或者擅自变更产地名称、面积、范围的，由农业行政主管部门责令限期改正，并处2 000元以上1万元以下罚款。

第三十三条 违反本条例第十六条规定，假冒、伪造、租赁、买卖食用农产品质量安全认证证书、标志或超范围使用认证证书、标志或者未经认证以“无公害农产品”、“绿色食品”或“有机农产品”名义进行宣传或销售食用农产品的，由农业行政主管部门责令改正，没收违法所得，并处5 000元以上2万元以下罚款。

第三十四条 违反本条例第十七条、第十八条规定，食用农产品生产者销售禁止销售的食用农产品或者经检测不合格的食用农产品的，由农业行政主管部门没收其产品并作无害化处理，没收违法所得，对食用农产品生产企业、农民专业合作经济组织并处5 000元以上2万元以下罚款，对个体生产者可处500元以上1 000元以下罚款。

食用农产品销售者有前款所列情形的，由工商行政主管部门依照前款规定处理、处罚。

销售病害、病死动物及其产品或者未经检疫检验或经检疫检验不合格的食用动植物及其产品的，由法定机构依照国家相关法律、法规的规定处罚。

第三十五条 违反本条例第十九条规定，食用农产品批发市场的开办者未按规定履行农产品质量安全管理职责的，由农业行政主管部门责令限期改正，对拒不改正的，处2000元以上1万元以下罚款，并向社会公告。

食用农产品超市或集贸市场的开办者有前款所列情形的，由工商行政主管部门依照前款规定处罚。

第三十六条 食用农产品质量安全监管人员滥用职权、玩忽职守、营私舞弊的，依法给予行政处分；构成犯罪的，依法追究刑事责任。

第三十七条 因食用农产品质量安全不合格给消费者造成损害的，消费者可以向食用农产品批发市场、超市、集贸市场主办者或销售者要求赔偿。属于生产者责任的，食用农产品批发市场、超市、集贸市场开办者或销售者有权向生产者追偿。

有前款规定情形的，消费者也可以直接向生产者要求赔偿。

第三十八条 违反本条例规定，构成犯罪的，依法追究刑事责任。

第六章 附　　则

第三十九条 本条例自2007年1月1日起施行。

参考文献

1. 曹学章，沈渭寿，唐晓燕. 建立我国生态环境标准体系的初步构想. 农村生态环境，2005，21（4）：77～80

2. 陈小霖，冯俊文. 农产品供应链风险管理. 生产力研究，2007，05

3. 崔广平. 论人世后中国农产品贸易对生态环境的影响及法律对策. 当代法学，2005，19（113）：135～140

4. 付玉华，李艳金. 沈阳市郊区蔬菜污染调查. 农业环境保护，1998，17（1）：36～371

5. 高翔. EAN128条码在食用农产品流通中的应用. 食品科技，2007：15～18

6. 何德华. 食用农产品安全信息管理机制研究. 湖北社会科学经济论坛

7. 何乐琴. 消费者对农产品质量安全状况比较满意——浙江省对食用农产品质量安全认知度的调查. 农业质量标准，2007，5：18～19

8. 黄锡生，曹飞. 中国环境监管模式的反思与重构. 法制经纬，Vol. 414/2009，2B

9. 姜卫兵，曹卫星. 江苏省食用农产品的质量安全现状及保障对策. 南京农业大学学报，2002，2（1），43～46

10. 李桐山. 论我国食用农产品安全生产的“三性”. 农村农业农民，2006，2B

11. 李铜山，曹玉贵. 中国食用农产品安全生产面临的新挑战及其对策. 华北水利科学院学报，2006，22（3）：26～29

12. 李铜山，刘溢海. 食用农产品非安全生产的实证分析和监管对策. 河南科技大学学报，2006：6：78

13. 李铜山，雷海章. 发达国家食用农产品安全生产策略性理念及其启示. 生态经济，2008，4

14. 李铜山. 制约我国食用农产品安全生产的深层障碍分析. 决策探索，2006，3：60，61

15. 李新星，柴文北. 走创新之路，全国提高我国食用农产品卫生安全质量. 中国农学通报，2002，18（5）：103～110

16. 刘俐，张宇锋. 我国食用农产品供应链优化与控制关键因素分析. 物流技术，2007，26（5）：92～95

17. 刘文莉，徐永明. 关于加强和完善我国食品安全法律体系的建设的几点思考. 中华临

床医学卫生杂志，2006，4（3）：79～81

18. 刘迎贵．对农产品质量安全体系的思考．畜牧与饲料科学，2009，30（2）：104～106

19. 刘召云，孙世民，王继勇．我国农产品供应链管理的研究进展及趋势．商业研究，2009，3

20. 吕战生．食品安全监管体系建设的探讨．预防医学论坛，2007，13（7）：666

21. 吕振宇．中国农业生态环境面临的问题与改善对策．中国农学通报，2009，25（04）：218～22

22. 宁红．发达国家农产品加工技术的启示与借鉴．中国现代企业报

23. 潘家栋，徐兴峰．我国环境标准的现状及完善对策．重庆环境科学，1999，21（3）

24. 戚道孟，王伟．关于中国农业生态环境保护的立法思考．中国发展，2008，8（1）

25. 钱玉华，陈东周．我国食品安全法律体系建设现状及对策．中外医疗，2009：134，135

26. 邱玉杰．我国农产品加工业的现状及发展方向．农业科技与装备，2009.1

27. 孙彩英．TBT与我国食品安全法律问题研究．世界标准信息，2007，9

28. 汤天明．建立食用农产品质量安全追溯制的几种设想．农业环境与发展，2007（5）：58～60

29. 唐小平．我国食用农产品安全监管体系建设研究，复旦大学硕士学位论文

30. 陶志英．论生态农业的意义．科技信息，336～337

31. 田中玉．北京市建设食用农产品安全生产体系，中国农业信息快讯，2002，2：11～12

32. 王隆都．应用IPM技术促进农产品质量安全．福建农业科技，2005年第5期，31～32

33. 王强，高春先．食用农产品质量安全问题及全程控制．浙江农业学报，16（5）：247～253，2004

34. 王强，林定根，张宇昊，章力建．农产品加工中的立体交叉污染及其防治对策．中国农业科技导报，2005，7

35. 王玉环，徐恩波．食用农产品的质量成本分析及发展思路探讨．中国农业科技导报，2004，6：70

36. 肖春玲，李青萍．农产品加工过程中的环境问题及对策．食品科学，2007，28（7）

37. 肖艳芬．国外农产品安全生产的技术支撑及启示．世界农业，2005，8：9

38. 谢建治，刘树庆，刘玉柱．保定市郊土壤重金属污染对蔬菜营养品质的影响．农业环境保护，2002，21（4）：325～327

39. 刑廷铣．畜牧业生产对生态环境的污染及其防治．云南环境科学，2001，20（1）

40. 许有伦．我国农业生产方式研究．西安财经学院学报，2006，19（6）

41. 许越先. 加速农业标准化进程. 实施农产品安全性生产. 农业技术经济，2002，6

42. 姚明明. 对构建我国食品安全监管体系的建议. 民主，2007：17

43. 游承利，孙学权等. 对我国食用农产品质量安全问题的探讨. 西南农业学报，2004，17：216～220

44. 于琳. 浅析我国农产品生产标准化环境条件创造的路径. 农业质量标准，2006 年第 3 期，21～23

45. 张传翔. 青岛市农产品质量安全保障透视及应对思考. 青岛科技大学学报，2009，25（1）：79～82

46. 张强. 建立健全食品安全监管体系. 中国卫生监督杂志，2007，14（6）：434～436

47. 张学富，王志民，李伟红. 动物性食品中常见的化学污染物. 肉品卫生，2002，（7）：13～241

48. 张永敏，刘秀丽. 畜牧业生态环境的污染及治理. 畜牧与饲料科学，2009，30（2）：92～93

49. 赵其国，黄国勤，钱海燕. 生态农业与食品安全. 土壤学报，2007，44（6）

50. 郑久坤. 浅议食用农产品质量安全市场监管的特点与对策. 农业质量标准，2006（6）：23～26

51. 朱建华，王国忠. 浅析上海食用农产品安全监管的做法及成绩. 农业质量标准，2004（4）：20，21

52. 卓海华，刘小梅，欧伟. 海南省部分出口食品中 BHC 和 DDT. 残留量检测分析. 海南大学学报（自然科学版），1998，16（2）：128～132